Johannes Lehmann

Mathematik

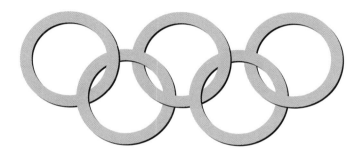

666 Olympiadeaufgaben aus 42 Ländern

Ernst Klett Verlag
Stuttgart München Düsseldorf Leipzig

Gedruckt auf Papier aus
chlorfrei gebleichtem Zellstoff,
säurefrei.

1. Auflage 1 5 4 3 2 1 | 2000 99 98 97 96

Alle Drucke dieser Auflage können im Unterricht nebeneinander benutzt werden,
sie sind untereinander unverändert.
Die letzte Zahl bezeichnet das Jahr dieses Druckes.

© Ernst Klett Verlag GmbH, Stuttgart 1996.
Alle Rechte vorbehalten.
Gesamtherstellung: Druckhaus „Thomas Müntzer" GmbH, Bad Langensalza
ISBN 3-12-711030-8

Inhalt

Vorwort 5

Aufgaben Klasse 5 7
Aufgaben Klasse 6 21
Aufgaben Klasse 7 35
Aufgaben Klasse 8 49
Aufgaben Klasse 9 65
Aufgaben Klasse 10 81

Lösungen Klasse 5 97
Lösungen Klasse 6 107
Lösungen Klasse 7 119
Lösungen Klasse 8 131
Lösungen Klasse 9 151
Lösungen Klasse 10 175

Übersicht über die Herkunft der Aufgaben 205

Werte Leserin, werter Leser,

mit diesem Buch werden 666 Mathematikaufgaben aus Olympiaden von 42 Ländern für die Klassenstufen 5 bis 10 vorgestellt. Sie sollen Interesse für unser Fach wecken, Schülerinnen und Schüler weiter fördern, den Unterricht bereichern und zu einer sinnvollen fachbezogenen Freizeitgestaltung beitragen.

Von 1945 bis 1967 war ich Mathematiklehrer an einer Schule in Leipzig, danach 20 Jahre lang Chefredakteur der mathematischen Schülerzeitschrift „alpha". Über einen Zeitraum von 25 Jahren leitete ich mathematische Schülerarbeitsgemeinschaften in den Klassenstufen 5 bis 10. Durch diese Tätigkeiten war ich mit den Mathematikolympiaden in der DDR von Anfang an aufs engste verbunden. (Die Olympiaden Junger Mathematiker wurden seit 1961 als mathematische Wettbewerbe für die Klassen 5 bis 10 auf Schul-, Kreis-, Bezirks- und Landesebene durchgeführt. Seit dem Schuljahr 1990/91 sind sie bundesweit offen.)

Durch meine Mitwirkung an den Olympiaden, auch an Internationalen Mathematikolympiaden, hatte ich die Möglichkeit, Aufgabenmaterial mit anderen Teilnehmern auszutauschen. Aus diesem umfangreichen Material habe ich nun ausgewählt – leichte, mittelschwere und auch schwierige Aufgaben (es handelt sich nicht um die Aufgaben der Internationalen Mathematikolympiaden – die sind wesentlich schwieriger und somit nur für meist ältere Schüler geeignet, sie sind an anderer Stelle veröffentlicht – sondern um Aufgaben, die in den einzelnen teilnehmenden Ländern bei mathematischen Wettbewerben gestellt wurden). Die Lösungen sind z. T. Originallösungen, z. T. selbst angefertigt.

Mein Dank gilt all denen, die dazu beitrugen, daß diese Sammlung internationaler Aufgaben entstehen konnte.
Mit dem nebenstehenden Rätsel wünsche ich allen Freunden der außerunterrichtlichen mathematischen Tätigkeit Freude, Erfolg und FORTUNA beim Lösen der 666 Olympiadeaufgaben aus 42 Ländern.

F	O	R	T	A	F	O	R	U	N	A
F	O	F	U	N	U	T	T	T	R	F
T	R	A	N	A	F	R	U	N	O	O
U	R	T	U	N	O	O	F	A	F	R
N	O	U	T	R	R	T	A	N	U	T
A	F	N	A	O	■	U	T	U	N	A
T	R	O	F	F	A	N	R	O	O	F
U	F	O	R	T	A	F	A	F	R	T
N	A	R	O	U	N	O	N	U	T	U
N	U	T	F	A	N	R	N	A	R	N
A	F	O	R	T	U	T	U	F	O	A

Johannes Lehmann

Man geht von dem Buchstaben F in der linken oberen Ecke aus und soll zu dem Buchstaben A in der rechten unteren Ecke gelangen; dabei muß jedes kleine Quadrat des Bildes durchlaufen werden, und zwar genau einmal. Unterwegs darf man nur solche Buchstaben berühren, die nacheinander das Wort FORTUNA ergeben.

KLASSENSTUFE 5

66 Olympiadeaufgaben

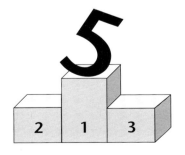

Lang ist der Weg
durch Belehrungen,
kurz und wirksam
durch Beispiele.
     Seneca der Jüngere
     (um 4 v. u. Z. bis 65)

Aufgaben — Klassenstufe 5

1. Erik denkt sich eine zweistellige Zahl. Wenn man die Hälfte dieser Zahl mit sich selbst multipliziert, dann erhält man dasselbe, als wenn man die Ziffern der gedachten Zahl miteinander vertauscht. Welche Zahl hat Erik sich gedacht?

2. Wenn man die Zahl 12 345 679 mit einer einstelligen Zahl multipliziert, erhält man ein Produkt, in dem nur die Grundziffer 1 auftritt.
Wie heißt diese einstellige Zahl?

3. In den Term $4 \cdot 12 + 18 : 6 + 3$ sind Klammern so einzufügen, daß man
a) die Zahl 50
b) die kleinstmögliche natürliche Zahl
c) die größtmögliche natürliche Zahl erhält.

4. Eine natürliche Zahl $a > 9$ läßt sich dadurch vermindern, daß man ihre Quersumme bildet.
Bsp.: Aus 35 folgt $3 + 5 = 8$, und $8 < 35$.
Ist die gebildete Quersumme wiederum mehrstellig, so bildet man erneut die Quersumme usw., bis man eine einstellige Zahl erhält.
Bsp.: Aus 7 958 folgt $7 + 9 + 5 + 8 = 29$, und
aus 29 folgt $2 + 9 = 11$, und
aus 11 folgt $1 + 1 = 2$, und
es gilt $2 < 11 < 29 < 7958$.
a) Vermindere 528 auf diese Weise.
b) Gib eine Zahl zwischen 800 und 900 an, die sich zu 7 vermindern läßt.
c) Gib eine Zahl an, die sich zu 1 vermindern läßt.
d) Gib eine Zahl an, die größer als eine Milliarde ist und sich zu 1 vermindern läßt.
e) Gibt es eine Zahl, die sich zu 0 vermindern läßt?

5. Die Summe zweier natürlicher Zahlen beträgt 968. Ein Summand endet mit einer Null. Streicht man diese Null, so erhält man den anderen Summanden.
Bestimme diese beiden Zahlen.

6. Wie viele Zahlen zwischen 1 und 100 enthalten beim Notieren die Ziffer 5?
A) 10   B) 15   C) 19   D) 20   E) keine dieser Angaben ist richtig

7. Wenn $4^x = 50$, dann liegt x
A) zwischen 2 und 3   B) zwischen 3 und 4   C) zwischen 4 und 5
D) zwischen 5 und 6   E) zwischen 6 und 12,5.

Aufgaben — Klassenstufe 5

8. Es sind alle durch 3 teilbaren zweistelligen natürlichen Zahlen zu ermitteln, die auf die Ziffer 0 enden.

9. Es ist diejenige zweistellige Zahl zu bestimmen, deren Quersumme 13 ist und bei der die Differenz zwischen der ursprünglichen Zahl und der Zahl, die durch Vertauschen ihrer Ziffern entsteht, auf 7 endet.

10. In jedes der acht freien Felder der Figur ist genau eine natürliche Zahl so einzutragen, daß die Summe der drei in jeder waagerechten und in jeder senkrechten Reihe stehenden Zahlen jeweils 39 beträgt.

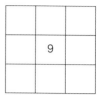

11. Es darf höchstens ein Kreuz in jedes kleine Quadrat gezeichnet werden.
Bestimme die größte Anzahl von Kreuzen, die man in dem quadratischen Gitter unterbringen kann, wenn keine drei Kreuze in jeder Vertikalen, Horizontalen und Diagonalen sein dürfen?
A) 2   B) 3   C) 4   D) 5   E) 6

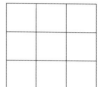

12. Es sind die Zahlen 1 bis 9 so in die Kreise der abgebildeten Figur einzutragen, daß die Summe der Zahlen längs des Randes eines jeden der schwarzen Dreiecke gleich 17 ist.

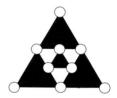

13. Setze die Ziffern 1 bis 9 so in die Kästchen ein, daß alle neun Ziffern verwendet werden und die vorliegenden Gleichungen erfüllt sind.
□□ : □ = □ − □ = □ + □ = □ · □

14. In jedes leere Kästchen des Bildes soll eine der Ziffern 0, 1, 2, 3, 4, 5, 6, 7, 8, 9 so geschrieben werden, daß die drei waagerechten und die drei senkrechten Aufgaben richtig gerechnet sind.
Eine Beschreibung und Begründung der Lösung wird nicht verlangt.

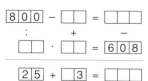

15. a) Für die natürlichen Zahlen x und y gilt x · y = 36. Ist der größtmögliche Wert von x + y gleich

Aufgaben   **Klassenstufe 5**

A) 12   B) 13   C) 15   D) 20   E) 37?
b) Wenn $2x + 1 = 8$ ist, wie groß ist dann $4x + 1$?
A) 15   B) 16   C) 17   D) 18   E) 19

16. a), b), c) Ergänze die fehlenden Ziffern, und begründe, wie du sie gefunden hast.
d) Wie lauten die Rechnungen, wenn man weiß, daß für die Kreiszeichen die Zahl 60 stehen soll?
Für welche Zahlen stehen also die Zeichen △, □, ○?

d)
$$\square = \triangle + \bigcirc$$
$$\bigcirc + \square = \triangle + \triangle + \triangle + \triangle + \triangle$$
$$\square = \square + \triangle$$

17. Hans fordert seinen Freund Uwe auf: „Merke dir eine von Null verschiedene natürliche Zahl, multipliziere sie mit 5, addiere zu diesem Produkt 2. Multipliziere die so erhaltene Summe mit 4 und addiere zu diesem neuen Produkt 3. Die nun erhaltene Summe ist noch mit 5 zu multiplizieren. Nenne mir das Ergebnis deiner Rechnung, und ich sage dir, welche Zahl du dir gemerkt hast."
Begründe, warum und wie Hans die von Uwe gedachte Zahl ermitteln konnte.

18. Trage die sieben angegebenen Zahlen so in die Leerfelder des Quadrats ein, daß die Summe der drei Zahlen in jeder Zeile, in jeder Spalte und in den beiden Diagonalen stets 240 beträgt.
40, 60, 70, 90, 100, 110, 120

19. Setze die Rechenzeichen +, – so zwischen die Ziffern, daß aus der falschen Aussage

$$\boxed{1991 = 1661}$$

eine wahre wird.

Aufgaben   **Klassenstufe 5**

20. Finde die fehlende Zahl.

21. Aus den Ziffern 1, 2, 3, 4 und 5 sollen die kleinste und die größte vierstellige Zahl gebildet werden, in denen sich keine Ziffer wiederholt. Berechne die Summe aus diesen beiden Zahlen.

22. Die Summe der Anzahl der Punkte auf den gegenüberliegenden Seitenflächen eines Würfels beträgt stets sieben.
Trage die fehlenden Punkte in das dargestellte Netz des Würfels entsprechend ein.

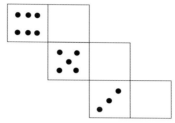

23. Das Quadrat in der ersten Zeichnung „rollt" im Uhrzeigersinn um das gegebene Sechseck, bis es den unteren Teil erreicht.
In welcher Richtung zeigt das Ausgangsdreieck in der Zeichnung 4?

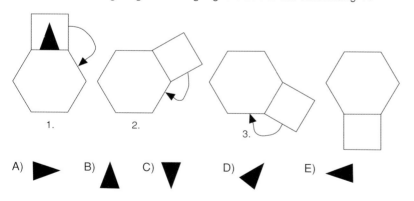

24. Der Umfang der schraffierten Fläche beträgt 50 cm. Finde ihren Flächeninhalt.

Aufgaben Klassenstufe 5

25. Ein Rechteck hat einen Umfang von 234 m. Wenn man seine Länge um 20 m vergrößert (ohne dabei die Breite zu verändern), erhöht man seinen Flächeninhalt um 900 m².
Wie groß ist der Flächeninhalt dieses Rechtecks (in m²)?
A) 3 422,25   B) 3 240   C) 3 057,75   D) 4 095   E) 3 195

26. Ein Junge zeichnet fünf Strahlen, die alle im Punkt O beginnen, wie in nebenstehender Figur. Auf den Strahlen liegen die Punkte A, B, C, D, E.
Wieviel spitze Winkel erhält er insgesamt?
Schreibe diese Menge von Winkeln auf.

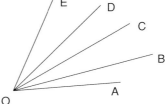

27. Schreibe alle Strecken auf, die im Bild zu sehen sind.
Wie viele Strecken erhält man?

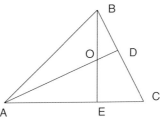

28. Wie viele der fünf Dreiecke, die im quadratischen Gitter eingezeichnet sind, sind gleichschenklig?
A) 1   B) 2   C) 3
D) 4   E) 5

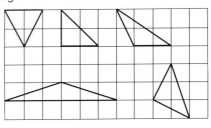

29. In ein Brett sind Nägel so eingeschlagen, daß je zwei Nägel horizontal und vertikal voneinander einen Abstand von einer Einheit haben. Ein Gummiband wird über vier Nägel gespannt (wie in der Skizze gezeigt), so daß ein Viereck entsteht.
Sein Flächeninhalt (in Quadrateinheiten) ist
A) 4   B) 4,5   C) 5   D) 5,5   E) 6

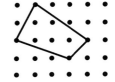

Aufgaben   **Klassenstufe 5**

30. Ein Quadrat und ein Dreieck haben den gleichen Umfang. Die Seitenlängen des Dreiecks sind 6,2 cm, 8,3 cm und 9,5 cm. Der Flächeninhalt des Quadrates beträgt

A) 24 cm²   B) 36 cm²   C) 48 cm²   D) 64 cm²   E) 144 cm²

31. a) Wieviel Dreiecke findest du in diesem Mosaik?
b) Wieviel gleichseitige Dreiecke befinden sich in der Figur?

A) 22   B) 23   C) 24   D) 26   E) 27

c) Das Mosaik im unteren Bild besteht aus Quadraten dreier verschiedener Größenordnungen. Wieviel Quadrate sind es insgesamt?

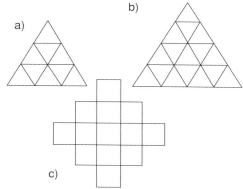

32. Die Figur besteht abwechselnd aus weißen und schwarzen Quadraten.
Die Anzahl der schwarzen Quadrate übertrifft die Anzahl der weißen Quadrate um

A) 7   B) 8   C) 9   D) 10
E) 11

33. Aus welchen der untenstehenden vier Abbildungen läßt sich ein Würfel herstellen, der die gleichen drei sichtbaren Flächen besitzt wie der nebenstehende Würfel?

Aufgaben — Klassenstufe 5

34. Welche der folgenden Figuren stellt das Netz eines Würfels dar?

35. Ein Kaninchen wiegt mit der Kiste 4 kg, eine Ente mit der gleichen Kiste 5 kg. Ente und Kaninchen wiegen zusammen 3 kg.
Welche Masse hat die Kiste?

36. Zwei Flugkörper seien 5 000 km voneinander entfernt. Sie fliegen auf einer Geraden direkt aufeinander zu, einer mit der Geschwindigkeit 2 000 km/h und der andere mit 1 000 km/h.
Wieviel km sind sie 1 Minute vor dem Zusammenprall voneinander entfernt?
A) 3 000   B) 1 000   C) 500   D) 100   E) 50

37. Eine Raupe kriecht auf einen Apfelbaum. In der ersten Stunde klettert sie 10 cm hoch, in der zweiten Stunde sinkt sie um 4 cm herunter, in der dritten Stunde kriecht sie erneut 10 cm hoch, und in der vierten Stunde rutscht sie wieder 4 cm herunter. Auf diese Weise klettert die Raupe weiter.
Wieviel cm ist die Raupe in 11 Stunden hinaufgeklettert?

38. Drei mathematische Rätsel:

a) Setze in die Kreise natürliche Zahlen so ein, daß die Operationen stimmen.

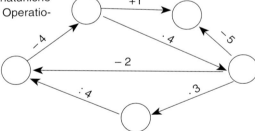

b) In die leeren Felder sind natürliche Zahlen so einzusetzen, daß man jeweils richtige Ergebnisse erhält, wenn die geforderten Rechenoperationen in Pfeilrichtung ausgeführt werden.

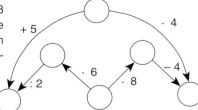

c) Trage in die Figur die Ziffern 1 bis 8 so ein, daß keine mit ihrem unmittelbaren Vorgänger oder ihrem unmittelbaren Nachfolger direkt verbunden ist.

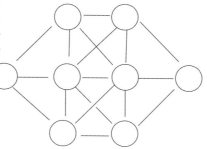

39. Die Mutter hat für ihre Töchter Olga, Tanja und Mascha genau drei Bänder gekauft, und zwar ein rotes, ein blaues und ein grünes. Olga liebt die Farbe Rot nicht; sie möchte auch kein grünes Band. Mascha will kein rotes Band.
Welche Farbe liebt jedes der drei Mädchen, wenn die Mutter Bänder entsprechend den Lieblingsfarben der Töchter gekauft hat?

40. In einem Beutel befinden sich genau 10 weiße, 12 schwarze und 16 rote Kugeln von gleicher Größe und gleichem Gewicht.
Wieviel Kugeln muß man dem Beutel mit verbundenen Augen entnehmen, um mit Sicherheit 3 Kugeln von der gleichen Farbe zu erhalten?

41. Im Rahmen einer Reihenuntersuchung stellte die Gemeindeschwester die Körpergröße von sechs Mädchen mit den Vornamen Hanna, Mila, Vera, Dana, Alena und Zdena fest. Über deren Körpergröße ergaben sich folgende Angaben:
a) Alena ist um 1 cm größer als Mila.
b) Wenn sich Vera, Mila und Alena nebeneinanderstellen, so sind sie der Größe nach geordnet.
c) Dana ist größer als Alena; Zdena ist kleiner als Mila, aber größer als Hanna. Hanna ist nicht die kleinste dieser sechs Mädchen.
Ermittle die Reihenfolge dieser Mädchen nach ihrer Körpergröße; beginne mit dem größten Mädchen.

42. Das Durchschnittsgewicht von sechs Jungen beträgt 150 Pfund und das Durchschnittsgewicht von vier Mädchen 120 Pfund. Das Durchschnittsgewicht der zehn Kinder ist gleich
A) 135 Pfund   B) 137 Pfund   C) 138 Pfund   D) 140 Pfund
E) 141 Pfund.

Aufgaben Klassenstufe 5

43. In drei Abteilen eines Eisenbahnwagens befinden sich 90 Fahrgäste. Würden aus dem ersten Abteil 12 Fahrgäste in das zweite und aus dem zweiten 9 Fahrgäste in das dritte umsteigen, dann wären in allen drei Abteilen gleich viele Personen.
Wie viele Fahrgäste waren ursprünglich in den einzelnen Abteilen?

44. An einem Tisch sitzen sieben Schüler. Einer hört auf den Vornamen Fred, einer heißt Willi, vier heißen Lutz und einer heißt Christian. Weiter wissen wir nur, daß unter ihnen zwei Brüder mit dem Familiennamen Scheibner, einer mit den Zunamen Franke und vier Schüler mit dem Namen Schulz sind.
a) Von wem können wir mit absoluter Sicherheit Vor- und Zunamen angeben?
b) Warum muß er so heißen?

45. Chris' Geburtstag fällt in diesem Jahr auf einen Donnerstag.
Welcher Wochentag wird 60 Tage nach ihrem Geburtstag sein?
A) Montag   B) Mittwoch   C) Donnerstag   D) Freitag
E) Sonnabend

46. Ich kaufte sieben Pakete Biskuit. Jedes Paket kostete gleich viel, und ich erhielt an der Kasse 4 p zurück.
Wieviel Geld gab ich dem Kassierer?
A) £ 1   B) £ 2   C) £ 3   D) £ 4   E) £ 5
£ 1: 1 Pfund (pound); p: pence (englische Währung)
1 Pfund enthält 100 pence.

47. Fünf Karten liegen auf einem Tisch wie nebenstehend gezeigt. Jede Karte hat auf einer Seite einen Buchstaben und auf der anderen eine Ziffer. Jane sagt: „Wenn sich ein Vokal auf einer Seite einer Karte befindet, dann befindet sich auf der anderen Seite eine gerade Zahl." Mary zeigt, daß Jane nicht recht hat, indem sie eine Karte umdreht.
Welche Karte dreht Mary um?
A) 3   B) 4   C) 6   D) P   E) Q

P	Q

3	4	6

48. In einer Schule lernen genau 1 200 Schüler. Jeder Schüler hat täglich 5 Stunden. Jeder Lehrer unterrichtet täglich 4 Stunden. Der Unterricht wird von einem Lehrer für 30 Schüler durchgeführt.
Wie viele Lehrer sind an der Schule?
A) 30   B) 32   C) 40   D) 45   E) 50

Aufgaben   Klassenstufe 5

49. Wieviel 20-S-Banknoten und wieviel 50-S-Banknoten sind zum Bezahlen eines Geldbetrages von 300 S (Schilling) erforderlich, wenn insgesamt 9 Banknoten verwendet werden?
Fertige eine Tabelle an.

50. In einer Familie ist der Vater zwei Jahre älter als die Mutter und der Sohn drei Jahre jünger als die Tochter. Addiert man das Alter von allen, so erhält man 73. Vor vier Jahren betrug diese Summe 58.
Wie alt ist jetzt jeder?
Bemerkung: Beachte, daß $73 - 4 \cdot 4 = 57$.

51. In einer Familie gibt es zwei Brüder, die jeder zwei Schwestern und jeder einen Vater haben. Jede dieser Schwestern hat eine Mutter.
Wieviel Menschen gibt es in der Familie?

52. Eine Mutter beauftragte die Kinder – den Bruder und die Schwester – ein Paket Pralinen so aufzuteilen, daß am nächsten Tag die Gäste die Hälfte der Pralinen und noch drei Stück bekommen. Am darauffolgenden Tag soll die ganze Familie die Hälfte der restlichen Pralinen und noch drei Stück essen können und zum darauffolgenden Nachmittag wiederum die Hälfte der verbliebenen Pralinen und noch drei Stück. Die Kinder teilten die Pralinen so auf, wie es ihnen die Mutter auftrug, und behielten noch vier Pralinen übrig, die sie selber essen durften.
Wieviel Pralinen waren im Paket?

53. John hat sich für £ 3 ein Taxi gemietet, um zum Bahnhof zu fahren. Sein Freund Harold, der genau auf der Hälfte des Weges von Johns Haus zum Bahnhof wohnt, wird von John mitgenommen.
Welchen Betrag soll Harold an John zahlen?

54. Das Bild zeigt ein Regal, in dem Töpfe von genau drei verschiedenen Größen stehen. In jeder der Reihen I, II, III ergibt sich das gleiche Fassungsvermögen von genau 24 Litern.
Welches Fassungsvermögen hat jeweils ein Topf der verschiedenen Sorten?
Erkläre, wie sich für jede Topfsorte das Fassungsvermögen aus den Angaben über die Reihen I, II und III ergibt.

Aufgaben   Klassenstufe 5

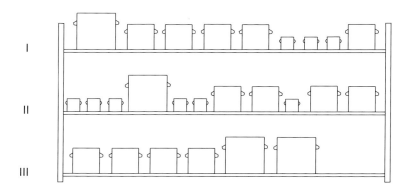

I, II, III

55. Die Mädchen Grit, Regina und Beate tragen jede eine einfarbige Bluse. Von diesen drei Blusen ist eine gelb, eine rot und eine blau. Grit stellt fest, daß keines der Mädchen eine Bluse von der Farbe trägt, die den gleichen Anfangsbuchstaben wie der Vorname des Mädchen hat. Das Mädchen mit der roten Bluse antwortet darauf: „Das hatte ich noch gar nicht bemerkt, aber du hast recht".
Welche Bluse trägt jedes Mädchen?

56. Jörg bewundert Holgers Kaninchen und Tauben. Er möchte gern wissen, wieviel Kaninchen und Tauben Holger besitzt und fragt ihn deshalb danach. Dieser antwortet: „Ich habe insgesamt 24 Tiere, die zusammen 62 Beine haben. Andere Tiere als Kaninchen und Tauben habe ich nicht."
Wieviel Kaninchen und wieviel Tauben besitzt Holger?
Begründe deine Antwort.

57. Wer wurde Sieger? Petra, Ute und Renate belegten beim 50-Meter-Lauf die drei ersten Plätze. Die Siegerin und Renate trainieren in derselben Gruppe. Die Gewinnerin der Bronzemedaille ist Klassenkameradin von Ute, Renate wurde nicht Dritte.
Welchen Platz erhält jedes Mädchen?

58. Von den 27 Schülern einer Klasse können 14 radfahren, 19 schwimmen und 9 Schüler beides.
Wieviel Schüler können weder radfahren noch schwimmen?

59. Ist das möglich? Der Großvater eines Jungen ist nur sechs Jahre älter als der Vater des Jungen. Es gab keine Wiederverheiratung, Adoption oder ähnliches.

60. Als Annah 4 Jahre alt war, war Boitumelo 7 Jahre alt. Als Annah 7 Jahre alt war, war Chazda 5 Jahre alt.

Aufgaben   **Klassenstufe 5**

Wie alt war Boitumelo, als Chazda 7 Jahre alt war?
A) 3   B) 6   C) 8   D) 10   E) 12

61. Du hast drei Kästchen und drei Schlüssel für diese, weißt aber nicht, welcher Schlüssel für welches Kästchen paßt.
Wieviel Schlüsselproben mußt du im ungünstigsten Fall (höchstens) machen?

62. Hölzchen wurden verwendet, um folgende Figur mit (römischen) Zahlzeichen zu legen: $\boxed{IX = V - IV}$
Bewege genau eines der Hölzchen in eine neue Stellung, so daß eine wahre Aussage entsteht.

63. Ali und Mahmud sammeln im Garten Guaven. Dabei sammelt Mahmud soviel Guaven wie die Summe aus dem Nachfolger der Anzahl der von Ali gesammelten Guaven und 7 Guaven. Zusammen sammelten sie 64 Guaven.
Wieviel Guaven sammelte Ali und wieviel Mahmud?
(Guave: birnenartige Frucht)

64. Gegeben sind zwei Strecken mit den Längen $a + b = 6$ cm und $a - b = 3$ cm.
Wie lang sind die Stecken a und b?
Beschreibe, wie du die Lösung gefunden hast.

65. Eine achtstellige ganze Zahl hat folgende Eigenschaften:
(I) Die ganze Zahl wird, in der Basis 10, mit zwei Einsen, zwei Zweien, zwei Dreien und zwei Vieren geschrieben.
(II) Die zwei Einsen werden durch eine einstellige Zahl, die zwei Zweien durch eine zweistellige Zahl, die zwei Dreien durch eine dreistellige Zahl und die zwei Vieren durch eine vierstellige Zahl getrennt.
Wie heißt die achtstellige ganze Zahl?

66. In einem alten Buch mit mathematischen Knobeleien fand sich folgender Vers:
> Eine Zahl hab' ich gewählt,
> 107 zugezählt,
> dann durch 100 dividiert
> und mit 11 multipliziert,
> endlich 15 subtrahiert,
> und zuletzt ist mir geblieben
> als Resultat die Primzahl 7.

Ermittle alle Zahlen, die diesen Bedingungen genügen.

KLASSENSTUFE 6

66 Olympiadeaufgaben

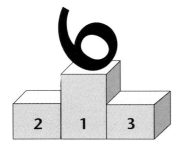

Nichts ist der Natur gemäßer,
man muß zu rechnen wissen
oder das Lehrgeld bezahlen.
                Wilhelm Ludwig Wekhrlin

Aufgaben — Klassenstufe 6

1. Finde drei aufeinanderfolgende ungerade natürliche Zahlen, deren Summe der Quadrate eine vierziffrige Zahl mit gleichen Ziffern ergibt.

2. Bello kann nur dann zum Knochen gelangen, wenn er einen Weg wählt, bei dem das Produkt der dabei überquerten Zahlen 2431 beträgt. Welchen Weg muß er wählen?

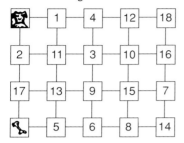

3. Setze die Vielfachen der Zahl 3 von 3 bis 27 so in die Figur ein, daß in jeder (waagerechten) Zeile, in jeder (senkrechten) Spalte und in jeder der beiden Diagonalen die Summen gleich sind.

4. Gibt es einen Bruch mit dem Nenner 20, der größer als $\frac{4}{13}$ und kleiner als $\frac{5}{13}$ ist?

5. Welcher Zahl ist das Produkt

$$\left(1+\frac{1}{5}\right)\cdot\left(1+\frac{1}{6}\right)\cdot\left(1+\frac{1}{7}\right)\cdot\left(1+\frac{1}{8}\right)\cdot\left(1+\frac{1}{9}\right)$$ gleich?

A) 2   B) 3   C) 4   D) 5   E) 6

6. Die in dekadischer Darstellung aufgeschriebene dreistellige natürliche Zahl $z = \overline{7xy}$ sei durch 44 teilbar.
Gib alle Zahlen an, die diese Bedingung erfüllen.

7. Finde die kleinste positive Zahl, die genau sechs paarweise verschiedene Teiler besitzt, die Zahl 1 und die gesuchte Zahl selbst als Teiler eingeschlossen.

8. Im Jahr 1988 feierte Australien die 200jährige Besiedlung durch die Europäer. Einige Historiker glauben, daß Australien schon vor ca. 40 000 Jahren bewohnt war.
Welcher Bruch bezeichnet den Anteil der Besiedlungszeit durch Europäer an der Gesamtbesiedlungszeit Australiens?

A) $\frac{1}{20}$ B) $\frac{1}{40}$ C) $\frac{1}{100}$ D) $\frac{1}{200}$ E) $\frac{1}{2000}$

Aufgaben Klassenstufe 6

9. Das Verhältnis der Anzahlen von Jungen zu Mädchen in einer Klasse ist 2:3. Es gibt 30 Schüler in dieser Klasse.
Wieviel Mädchen gibt es in der Klasse mehr als Jungen?
A) 1   B) 3   C) 5   D) 6   E) 10

10. Bestätige die Richtigkeit der Feststellung aus dem alten ägyptischen Rechenbuch des Ahmes (um 1800 v. u. Z.), daß

a) $\dfrac{5}{21}$ gleich der Summe der Brüche $\dfrac{1}{7}$, $\dfrac{1}{14}$, $\dfrac{1}{42}$ und

b) $\dfrac{2}{29}$ gleich der Summe der Brüche $\dfrac{1}{24}$, $\dfrac{1}{58}$, $\dfrac{1}{174}$ und $\dfrac{1}{232}$ ist.

11. Bestimme den größten und den kleinsten Bruch der Form $\dfrac{\overline{2a}}{\overline{3bc}}$
mit b $\ne$ c, wobei $\overline{2a}$ die dezimale Schreibweise für eine zweistellige Primzahl, $\overline{3bc}$ die für eine durch 15 teilbare dreistellige natürliche Zahl ist.

12. Die fünfstellige natürliche Zahl $\overline{42x4y}$ soll durch 72 teilbar sein.
Wie lauten die Ziffern x und y?

13. Das Produkt von vier aufeinanderfolgenden natürlichen Zahlen beträgt 3024.
Wie lauten diese Zahlen?
(Überlege zunächst: Kann eine der Zahlen 10 sein? Können alle vier Zahlen größer als 10 sein?)

14. Es ist derjenige unkürzbare Bruch zu bestimmen, dessen Wert sich verdoppelt, wenn man seinen Nenner zu seinem Zähler und zu seinem Nenner addiert.

15. Es ist die kleinste durch 36 teilbare natürliche Zahl zu finden, in der alle 10 Ziffern vorkommen.

16. Das Reziproke von $\left(\dfrac{1}{2}+\dfrac{1}{3}\right)$ ist gleich

A) $\dfrac{1}{6}$ B) $\dfrac{2}{5}$ C) $\dfrac{6}{5}$ D) $\dfrac{5}{22}$ E) 5.

17. a) In der Aufgabe bezeichnet jeder Buchstabe x, y und z eine Ziffer außer Null, und die Addition ist korrekt.
Bestimme x, y, und z.
b) Setze in der Additionsaufgabe für die verschiedenen Buchstaben verschiedene Ziffern so ein, daß eine richtig gelöste Aufgabe entsteht.

Aufgaben   Klassenstufe 6

c) Setze für die Zeichen * Ziffern so ein, daß eine richtig gelöste Multiplikationsaufgabe entsteht.

a)    b)   c)

18. In ein magisches Dreieck wird jede der sechs natürlichen Zahlen 10 bis 15 in einen der Kreise eingetragen, so daß die Summe s der drei Zahlen jeder Seite die gleiche ist.
Der größte mögliche Wert für s ist
A) 36   B) 37   C) 38   D) 39   E) 40.

19. Wenn $P:Q = 6$, $Q:R = 3$, $S:R = 2$, so $P:S = \ldots$?

20. Gib die kleinste natürliche Zahl an, deren Quersumme 100 ist und die
a) durch 4 teilbar ist,
b) durch 5 teilbar ist,
c) durch 9 teilbar ist.

21. Rechne.

a) $\dfrac{1}{10} + \dfrac{2}{20} + \dfrac{3}{30}$ ist gleich

   A) 0,1   B) 0,12   C) 0,2   D) 0,3   E) 0,6.

b) Das Produkt $8 \cdot 0{,}25 \cdot 2 \cdot 0{,}125$ ist gleich

   A) $\dfrac{1}{8}$ B) $\dfrac{1}{4}$ C) $\dfrac{1}{2}$ D) 1   E) 2.

c) $2{,}46 \cdot 8{,}163 \cdot (5{,}17 + 4{,}829)$ ist rund
   A) 100   B) 200   C) 300   D) 400   E) 500.

d) Betty benutzte den Taschenrechner, um das Produkt $0{,}075 \cdot 2{,}56$ zu berechnen. Sie vergaß dabei, das Komma einzutippen. Der Rechner zeigte 19 200 an. Wenn Betty das Komma korrekt eingegeben hätte, dann wäre die Antwort
A) 0,0192   B) 0,192   C) 1,92   D) 19,2   E) 192.

22. Auf einer Karte im Maßstab 1 : 15 000 wird ein Waldgebiet durch ein Quadrat von 64 cm² Flächeninhalt dargestellt.
Wieviel Kilometer beträgt der Umfang dieses Waldes?
A) 3,6 km   B) 0,96 km   C) 4,8 km   D) 6,4 km
E) keine dieser Antworten ist richtig

23. Mbongo hatte f Tage Ferien. Er stellte fest:
(1) Es regnete siebenmal, am Morgen oder am Nachmittag.

Aufgaben Klassenstufe 6

(2) Wenn es nachmittags regnete, schien vormittags die Sonne.
(3) Es gab fünf sonnige Nachmittage.
(4) Es gab sechs sonnige Vormittage.
Wieviel Ferientage hatte er?

24. Ich lasse einen Ball fallen. Er springt $\frac{2}{3}$ seiner Fallhöhe wieder hoch. Er fällt von neuem und springt das zweite Mal $\frac{5}{6}$ der ersten Sprunghöhe. Berechne, von welcher Höhe ich den Ball fallen ließ, wenn er das zweite Mal 45 cm weniger hoch sprang als das erste Mal.

25. Es ist zu beweisen, daß man eine beliebige Rubelsumme, die größer als 7 ist, mit Banknoten von 3 und 5 Rubel bezahlen kann, ohne daß Wechselgeld herausgegeben werden muß.

26. Ein Tourist wurde auf der Hortobágy – Pußta von zwei Schäfern zum Essen eingeladen. Der eine Schäfer gab 5 Stück, der andere 3 Stück Schafkäse zur gemeinsamen Mahlzeit.
Der Tourist bezahlte für seinen Anteil am Schafkäse 8 Forint.
Wie müssen sich die beiden Schäfer diese 8 Forint gerechterweise teilen?

27. a) Bei der Addition von vier zum Teil unleserlich geschriebenen Zahlen wurde bei der ersten Zahl die Hunderterziffer 2 als 5, bei der zweiten Zahl die Tausenderziffer 3 als 8, bei der dritten Zahl die Einerstelle 9 als 2 und bei der vierten Zahl die Zehnerziffer 7 als 4 gelesen. Das Ergebnis der Addition war 28 975.
Bestimme den Fehler.
b) Wie viele ganze Zahlen zwischen 100 und 400 enthalten die Ziffer 2?
   A) 100   B) 120   C) 138   D) 140   E) 148

28. Lebensalter gesucht:
Tesfaye: Siehst du diese drei Personen da drüben? Das Produkt ihrer Lebensjahre ist 2 450, und die Summe ihrer Lebensjahre ergibt genau zweimal dein Alter.
Wie alt sind sie?
Fassil: Du hast mir keine ausreichenden Angaben gemacht!
Tesfaye: Tut mir leid. Das Produkt der Lebensjahre der beiden Jüngeren ist höher als das Alter des Ältesten.
Fassil: In diesem Falle sind sie ...
Warum kann Fassil das Alter der drei Personen bestimmen?
Berechne die drei Lebensalter unter der Voraussetzung, daß Fassil 32 Jahre alt ist.

Aufgaben Klassenstufe 6

29. Eine Frau besitzt zwei Uhren, die an einem bestimmten Tag um 12 Uhr mittags die gleiche Uhrzeit anzeigen. Die eine Uhr geht in jeder Stunde zwei Minuten nach, die andere hingegen eine Minute vor.
Zu welcher Uhrzeit wird die zweite Uhr gegenüber der ersten um eine Stunde voraus sein?

30. In einer Tasche befinden sich 110 Bälle, und zwar 38 rote, 30 grüne, 20 blaue, 12 gelbe und 10 schwarze Bälle.
Nenne mir die kleinstmögliche Anzahl von Bällen, die der Tasche willkürlich entnommen werden müssen, um mit Sicherheit mindestens 15 Bälle gleicher Farbe zu erhalten.

31. Vier Vögel können vier Raupen in vier Minuten fressen.
Wieviel Minuten wird es dauern, bis zehn Vögel zehn Raupen gefressen haben?

32. Tesfayes Kinder:
Fassil: Tenastillin, Tesfaye, wie geht es den Kindern?
Tesfaye: Oh, es geht ihnen gut. Wie du weißt, habe ich jetzt drei.
Fassil: Wie alt sind sie?
Tesfaye: Das Produkt ihrer Lebensjahre ist jetzt 36. Und die Summe ihrer Lebensjahre gleicht dem Alter deines Sohnes, Tamene.
Fassil (nach einer Pause): Diese Information ist nicht ausreichend.
Tesfaye: O nein, sie ist es nicht. Gut, das älteste ist ein Mädchen.
Fassil: Jetzt weiß ich es!
Wie alt sind Tesfayas Kinder?

33. Auf einer Seite einer Waage liegen 6 gleich schwere Teebeutel und ein 50-Gramm-Stück. Auf der andern Seite der Waage liegen ein gleicher Teebeutel, ein Gewicht von 100 Gramm und ein Gewicht von 200 g. Die Waage befindet sich im Gleichgewicht.
Bestimme, wieviel Gramm ein Teebeutel wiegt.

34. Ein D-Zug braucht durch den Tauerntunnel 7 min 30 s, ein Güterzug 9 min 30 s.
Die Geschwindigkeit des D-Zuges ist um $4\,\frac{m}{s}$ größer als die des Güterzuges.
Berechne die Länge des Tauerntunnels.

35. Fritz gibt Heinz folgendes Rätsel auf: „In unserer Klasse können 26 Schüler radfahren und 12 Schüler schwimmen. Jeder Schüler kann mindestens eins von beiden. Multipliziert man die Schülerzahl mit 5, so

ist die Quersumme dieses Produkts doppelt so groß wie die Quersumme der Schülerzahl. Außerdem ist das Produkt durch 6 teilbar.
Wie viele Schüler besuchen die Klasse?"

36. Der Graph zeigt, wie sich die Benzinmenge in einem Auto während einer Fahrt von 600 km verändert.
Versuche, folgende Fragen zu beantworten.
1. Wieviel Benzin faßt der Tank (mindestens)?
2. An wieviel Tankstellen wurde während der Fahrt angehalten?
3. An welcher Tankstelle wurde das meiste Benzin gekauft?
4. Wieviel Benzin wurde während der gesamten Fahrt verbraucht?
5. Angenommen, man hätte nicht zum Tanken angehalten, wo wäre das Auto stehengeblieben?

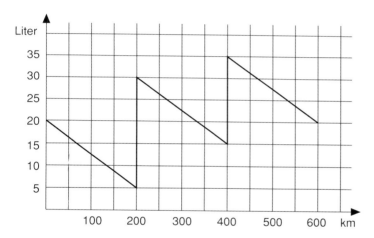

37. In den Ferien war Klaus auf dem Lande. Aus seinen Beobachtungen ergab sich folgende Scherzaufgabe:
$1\frac{1}{2}$ Hühner legen in $1\frac{1}{2}$ Tagen $1\frac{1}{2}$ Eier.
Ermittle die Anzahl aller Eier, die bei gleicher Legeleistung 7 Hühner in 6 Tagen legen würden.

38. In einem 2000 m-Lauf gewinnt Raelene mit 200 m Vorsprung vor Marjorie und mit 290 m Vorsprung vor Betty. Wenn Marjorie und Betty mit ihrer bisherigen Geschwindigkeit weiterlaufen, dann hat Marjorie im Ziel vor Betty einen Vorsprung von
A) 90 m   B) 100 m   C) 120 m   D) 180 m   E) 200 m.

Aufgaben Klassenstufe 6

39. Die fünf Räder eines Autos (4 Räder und das Ersatzrad) wurden gleichmäßig bei einem Auto benutzt, das 20 000 km gefahren ist.
Wieviel km fuhr jedes Rad?
A) 4 000   B) 500   C) 16 000   D) 20 000   E) 100 000

40. Wenn jemand 45 Minuten lang mit einer Geschwindigkeit von 4 mph (miles per hour – Meilen pro Stunde) und anschließend 30 Minuten lang mit 10 mph geht, dann hat er nach 1 Stunde und 15 Minuten

A) 3,5 Meilen   B) 8 Meilen   C) 9 Meilen   D) $25\frac{1}{3}$ Meilen
E) 480 Meilen zurückgelegt.

41. Ein Gemüseladen erhielt 5 Kisten Zitronen und Apfelsinen. In jeder Kiste waren nur Früchte einer Sorte. In der ersten Kiste waren 100 Stück, in der zweiten 105, in der dritten 110, in der vierten 115 und in der fünften 130 Stück. Als alle Früchte aus einer Kiste verkauft waren, waren dreimal weniger Zitronen als Apfelsinen übriggeblieben.
Wieviel Früchte jeder Sorte waren übriggeblieben?

42. Drei eigensinnige Fischer kamen überein, den ganzen Fang in gleiche Teile aufzuteilen. Der erste Fischer teilte den Fang auf und verteilte die Fische auf drei Pakete. Er sagte, daß in jedem Paket 1 kg und 780 g Fisch sind. Der zweite Fischer traute nur seiner Großmutter. Diese ermittelte als Gewichte der Pakete 1 kg 790 g, 1 kg 770 g, 1 kg 780 g. Der dritte Fischer traute nur dem Gewicht, das im Geschäft ermittelt wurde. Dort maß man die gleichen Gewichte wie die Großmutter, nur in umgekehrter Reihenfolge.
Wie muß man die Pakete unter den Fischern verteilen, damit jeder Fischer auf Grund seiner Aussagen sagen kann, daß er nicht weniger als 1 kg 780 g erhalten hat?

43. Hans sagt zu Bruno: „Denke dir eine von Null verschiedene natürliche Zahl und multipliziere sie mit 2. Addiere zu diesem Produkt 50. Dividiere das so erhaltene Ergebnis durch 2 und subtrahiere danach die von dir gedachte Zahl. Das Ergebnis deiner Rechnung beträgt 25."
Begründe, warum Hans das Ergebnis der Rechnung voraussagen kann.

44. Drei Schüler, Axel, Bernd und Dieter, haben zur Finanzierung eines gemeinsamen Ausfluges zusammen 225 Lei gespart. Die Ersparnisse von Axel betrugen $\frac{2}{3}$ der Ersparnisse von Bernd, und die Ersparnisse von Bernd betrugen $\frac{3}{4}$ der Ersparnisse von Dieter. Die Unkosten für den Ausflug beliefen sich auf 40 Lei je Schüler.
Wieviel Lei blieben jedem der Schüler noch übrig?

Aufgaben Klassenstufe 6

45. Der Minutenzeiger dieser Uhr ist verschwunden.
Wie spät ist es?
A) 2.16 Uhr B) 2.24 Uhr C) 2.30 Uhr D) 2.40 Uhr

46. Ein Vater ist gegenwärtig viermal so alt wie der Sohn. Die Summe aus den Anzahlen ihrer Lebensalter (in ganzen Zahlen) beträgt 50. Nach wieviel Jahren wird der Vater dreimal so alt sein wie sein Sohn?

47. Ein Maler kann einen Raum in 12 Stunden streichen. Ein Lehrling, der den Raum in 24 Stunden streichen kann, wird zur Arbeit hinzugezogen.
Wie lange brauchen beide zusammen, um den Raum zu streichen?
A) 6 h B) 8 h C) 9 h D) 12 h E) 18 h

48. Maria kauft Computerdisketten zum Preis von 5 Dollar je 4 Stück ein und verkauft sie zum Preis von 5 Dollar je drei Stück.
Wieviel Disketten muß sie verkaufen, um 100 Dollar zu verdienen?
A) 100 B) 120 C) 200 D) 240 E) 1200

49. Keamogetse stellte fest, daß er, wenn er seine Münzen zu Stapeln von je sechs schichtete, stets drei Münzen übrig hatte. Stellte er je 8 von ihnen zusammen, behielt er stets sieben übrig. Bei Stapeln zu je 5 behielt er stets noch vier Münzen.
Wie viele Münzen besaß er, wenn wir voraussetzen, daß es weniger als 100 waren?

50. Auf einer Tanzfläche halten sich 4 Mädchen und 6 Jungen auf. Wieviel Tanztitel müßten gespielt werden, damit jeder Junge mit jedem Mädchen genau einmal tanzen kann, wenn nach jedem Titel die Tanzpartner wechseln?

51. Die Punkte D und E liegen auf der Hypotenuse AB des rechtwinkligen Dreiecks ABC.
Wie groß ist der Winkel ECD, wenn $\overline{AC} = \overline{AD}$ und $\overline{BC} = \overline{BE}$ ist?

52. Die dunkle Fläche wird von zwei sich überschneidenden, senkrecht aufeinander stehenden Rechtecken gebildet.
Die Fläche beträgt dann (in FE):
A) 23 B) 38 C) 44 D) 46
E) Es ist unmöglich, mit den gegebenen Informationen eine Entscheidung zu treffen.

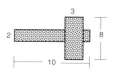

Aufgaben   Klassenstufe 6

53. Wie groß ist der Flächeninhalt der nebenstehenden Figur S, wenn das schraffierte Quadrat eine Flächeneinheit darstellt?

A) 9   B) $\dfrac{28}{3}$ C) 9,4   D) 9,5   E) 9,6

54. Wie groß ist der Flächeninhalt des schraffierten Teiles in nebenstehendem Quadrat (in FE)?

A) $\dfrac{7}{16}$ B) $\dfrac{9}{16}$ C) $\dfrac{1}{2}$

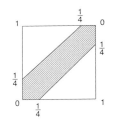

55. Berechne den gesamten Oberflächeninhalt der acht Seitenflächen des nebenstehenden Körpers (angegebene Maße in cm).

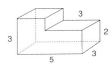

56. Von nebenstehendem Würfel hat man an einer Ecke eine kleine Pyramide abgeschnitten. Welches der nebenstehenden Netze gehört zu diesem „verstümmelten" Würfel?

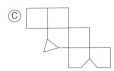

57. a) Wenn der Flächeninhalt des inneren Quadrates in Figur 1 6 cm² beträgt, dann beträgt der Flächeninhalt des äußeren Quadrates

A) 9 cm²   B) 12 cm²   C) 24 cm²   D) 36 cm².

b) Gegeben sei die Figur 2 mit zwei Quadraten. Der Flächeninhalt des größeren Quadrates beträgt 36 (FE), der des kleineren Quadrates 25 (FE). Wie groß ist der Umfang des Dreiecks ABC?

c) Gegeben ist ein Quadrat mit der Seitenlänge a = 32 cm. Es werden nun die Mittelpunkte der vier Seiten so verbunden, daß ein einbeschriebenes Quadrat mit der Seitenlänge a_1 entsteht. Dieses Verfahren wird fortgesetzt; es entstehen weitere, immer kleinere einbeschriebene Quadrate mit den Seitenlängen a_2, a_3, ...
Welche Seitenlänge hat das zehnte so einbeschriebene Quadrat?

Fig. 1

Fig. 2

Aufgaben   Klassenstufe 6

58. Wie viele Dreiecke sind in der nebenstehenden Figur enthalten?
A) 7   B) 8   C) 16   D) 17

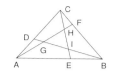

59. Würfelnetze: Auf den Seiten des Würfels (Fig. 1) stehen die Ziffern 1 bis 6 so, wie es den Würfelnetzen (Fig. 2 und 3) zu entnehmen ist. Die Ziffern, von denen eine bereits vorgegeben ist, sind so in die Felder der übrigen Würfelnetze (Fig. 4) einzutragen, daß es sich stets um ein Netz des Würfels aus Fig. 1 handelt.

Fig. 1

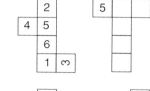

Fig. 2

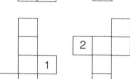

Fig. 4

Fig. 3

60. a) Ein geometrisches Puzzle für Anfänger: Fig. 5 zeigt ein rechtwinkliges Dreieck, dessen Grundseite 1 Einheit und dessen Höhe 2 Einheiten lang ist, und ein Trapez (Fig. 6) mit zwei zueinander senkrecht stehenden Seiten, die je 2 Einheiten lang sind und einer kurzen Seite, die 1 Einheit lang ist. Schneide diese beiden Figuren aus einem Stück Karton aus und zeige, daß sie zu folgenden Flächen zusammengelegt werden können:

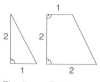

Fig. 5   Fig. 6

1) ein Quadrat,
2) ein Dreieck,
3) ein Parallelogramm,
4) ein Viereck mit zwei rechten Winkeln,
5) ein gleichschenkliges Trapez.

Aufgaben — Klassenstufe 6

b) Gegeben seien neun Quadrate mit den Seitenlängen
a = 36 mm   d = 20 mm   g = 14 mm
b = 30 mm   e = 18 mm   h = 8 mm
c = 28 mm   f = 16 mm   i = 2 mm.
Füge diese Quadrate so zusammen, daß sie ein Rechteck bilden. Fertige dazu eine Zeichnung an.

61. a) Wieviel Grad beträgt die Größe des Winkels α in nebenstehender Figur?
A) 79°   B) 81°   C) 100°   D) 101°   E) 109°

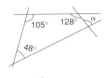

b) In einem Dreieck ist der kleinste Winkel 20°.
Wieviel volle Grad hat der größtmögliche Winkel in diesem Dreieck?
A) 80°   B) 90°   C) 140°   D) 159°   E) 160°
c) Wenn der Winkel CBD ein rechter ist, dann zeigt dieser Winkelmesser an, daß ∢ABC
A) 20°   B) 40°   C) 50°   D) 70°   E) 120° ist.

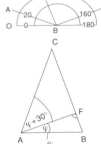

d) Die Höhe AF zum Schenkel BC des abgebildeten gleichschenkligen Dreiecks ABC mit der Basis AB teilt den Basiswinkel CAB so, daß der Winkel CAF um 30° größer ist als der Winkel BAF.
Es sind die Größen der Innenwinkel des gleichschenkligen Dreiecks ABC zu berechnen.

62. Auf einer gegebenen Geraden g ist ein solcher Punkt P zu bestimmen, für den die Summe der Abstände von zwei gegebenen Punkten A, B der Ebene am kleinsten ist.

63. Auf der Geraden ε befinden sich der Reihe nach die Punkte A, B, Γ und Δ. Der Abschnitt BΓ ist 3 cm länger als der Abschnitt AB und 2 cm kürzer als der Abschnitt ΓΔ.
Es sind die Längen der einzelnen Abschnitte zu finden, wenn der Abschnitt AΔ 17 cm lang ist.
(Γ entspricht unserem C, Δ entspricht unserem D.)

64. Ein Eisendraht von 58 cm Länge wird so gebogen, daß sich nebenstehender symmetrischer Pfeil ergibt.
Wie lang ist f (in cm)?

A) $\dfrac{17}{4}$ B) 5   C) 6   D) $\dfrac{41}{4}$

E) Keiner der angegebenen Werte.

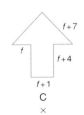

65. Es seien A, B, C die drei in der Abbildung gegebenen Punkte, die nicht auf einer gemeinsamen Geraden liegen.
a) Konstruiere (mindestens) zwei Punkte S_1 und S_2, für die $\overline{S_1A} = \overline{S_1B}$ und $\overline{S_2A} = \overline{S_2B}$ gilt!

A×   ×B

b) Es gibt genau einen Punkt S, der von A, B und C gleich weit entfernt ist.
   Konstruiere diesen Punkt.
c) Begründe, warum der Punkt S bei deiner Konstruktion die geforderten Bedingungen erfüllt.

66. Die Punkte D, E, F des rechtwinkligen Dreiecks ABC mit den Kathetenlängen $\overline{AC} = b$ und $\overline{BC} = a$ dritteln die Dreiecksseiten.
Berechne den Anteil des Flächeninhalts vom inneren Dreieck DEF am Inhalt des gegebenen Dreiecks ABC.

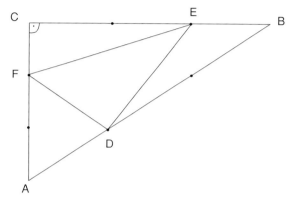

KLASSENSTUFE 7

66 Olympiadeaufgaben

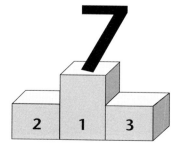

Ein jeder Mensch begreift und behält dasjenige
im Gedächtnis viel leichter,
wovon er den Grund und Ursprung deutlich einsieht;
und weiß sich auch dasselbe
bei allen vorkommenden Fällen
viel besser zu Nutz zu machen.
Leonard Euler

Aufgaben — Klassenstufe 7

1. Es sind alle dreistelligen natürlichen Zahlen zu ermitteln, die gleich der dritten Potenz ihrer Quersumme sind.

2. Gibt es Ziffern a und b, für die $\frac{a}{b} = \overline{b,a}$ gilt, wenn $\overline{b,a}$ die Dezimalbruchdarstellung des gemeinen Bruches $\frac{a}{b}$ ist?

3. Bei einer Subtraktionsaufgabe betrage der Subtrahend $\frac{2}{5}$ des von Null verschiedenen Minuenden (Minuend − Subtrahend = Differenz).
a) Wieviel Prozent des Minuenden beträgt die Differenz?
b) Wieviel Prozent des Minuenden beträgt die Summe aus Minuend und Subtrahend?

4. a) Rekonstruiere die folgende Multiplikationsaufgabe, wobei für unlesbare Ziffern Sternchen stehen.
b) Ersetze die geometrischen Figuren durch Ziffern so, daß richtig gelöste Gleichungen entstehen. Gleiche geometrische Figuren entsprechen gleichen Ziffern.
c) Setze für die Buchstaben Ziffern so ein, daß eine wahre Aussage entsteht.

a)
```
* * . * 2
─────────
    4 *
  * 1 *
─────────
  * * * *
```

b)
△●△▲ : △◆ = ▲■
□●□ + □○ = □□▲
◇△○ − ◆◇◐ = ◆●◻

c) $(r + o + m + a)^4 = \overline{roma}$

5. Es ist bekannt, daß die Zahlen p und $2^p + p^2$ Primzahlen sind. Finde p.

6. Gesucht ist eine zweistellige natürliche Zahl, die gleich dem Achtfachen ihrer Quersumme ist.

7. Axel fordert seinen Freund Bruno auf:
„Denk dir eine von Null verschiedene natürliche Zahl, addiere 9, multipliziere danach die Summe mit 11, subtrahiere von diesem Produkt die von dir gedachte Zahl und addiere noch 1 hinzu. Subtrahiere von diesem Zwischenergebnis eine beliebige natürliche Zahl, die größer als 90, aber kleiner als 100 ist.
Nenne mir nun das Ergebnis, und ich sage dir deine gedachte Zahl." Wie findet Axel die von Bruno gedachte Zahl?

8. Untersuche, ob es möglich ist, die Ziffern 1, 2, ..., 9 so auf einem Kreis anzuordnen, daß jede Summe zweier benachbarter Ziffern nicht durch 3, 5 oder 7 teilbar ist.

9. Das kleinste gemeinsame Vielfache zweier Zahlen betrage 240, und ihr größter gemeinsamer Teiler sei 8.
Bestimme beide Zahlen, wenn bekannt ist, daß die kleinere der Zahlen nur einmal den Faktor 5 enthält und die größere die 5 nicht enthält.

10. Die Summe zweier rationaler Zahlen betrage 60, ihr Produkt 675. Es ist die Summe aus den reziproken Werten dieser Zahlen zu bestimmen.

11. Die Zahlen 2, 9 und 12 lassen sich durch Terme, in denen die Ziffer 7 jeweils genau viermal vorkommt, wie folgt darstellen:
$2 = (7 + 7) : \sqrt{7 \cdot 7}$, $9 = (7 + 7) : 7 + 7$,
$12 = (77 + 7) : 7$.
Die Zahlen 7, 8, 11 und 14 sind auf ähnliche Weise durch Terme darzustellen, in denen die Ziffer 7 jeweils genau viermal vorkommt.

12. Es sind alle zweistelligen natürlichen Zahlen zu ermitteln, die gleich dem Dreifachen ihrer Quersumme sind.

13. Bestimme alle Ziffern x, für die $x^x + x = \overline{x0}$ gilt, wobei $\overline{x0}$ die dezimale Schreibweise einer zweistelligen natürlichen Zahl ist.

14. Zeige, daß die Summe der in dezimaler Schreibweise dargestellten dreistelligen natürlichen Zahlen $\overline{aba}$ und $\overline{bab}$ durch a + b teilbar ist.

15. Gegeben ist eine dreistellige natürliche Zahl z, die mit der Ziffer 7 beginnt. Streicht man die Ziffer 7 am Anfang und schreibt sie am Schluß wieder dazu, erhält man eine um 117 kleinere Zahl als die ursprüngliche Zahl z.
Wie lautet die Zahl z?

16. Welche fünfte Zahl x ist zur Zahlenmenge {3, 6, 9, 10} hinzuzufügen, damit das arithmetische Mittel aus diesen fünf Zahlen gleich der hinzugefügten Zahl x ist?
Die Zahl x ist dann
A) 1   B) 2   C) 3   D) 4   E) größer als 4.

17. $\sqrt{164}$ ist
A) 42   B) weniger als 10   C) größer als 10 und kleiner als 11
D) größer als 11 und kleiner als 12   E) größer als 12 und kleiner als 13.

Aufgaben   **Klassenstufe 7**

18. a) Wie kann man ohne Ausführung der angegebenen Rechenoperationen feststellen, ob die Zahl $\dfrac{378 \cdot 436 - 56}{378 + 436 \cdot 377}$ größer oder kleiner als 1 ist?

b) Berechne $\dfrac{8{,}4 \cdot \left(1\dfrac{5}{8} + \dfrac{17}{18}\right) - 15\dfrac{59}{60}}{646{,}8 : 21}$

19. Es gibt natürliche Zahlen, für die die Summe aller Teiler ungerade ist.
Beispiel:
Zahl: 18   Teiler: 1, 2, 3, 6, 9, 18   Teilersumme 39.
Nenne möglichst viele natürliche Zahlen mit ungerader Teilersumme.
Begründe, weshalb die Teilersumme dieser Zahlen jeweils ungerade ist.

20. Wie lautet die 100. Zahl in der arithmetischen Folge 1, 5, 9, 13, ...?
A) 397   B) 399   C) 401   D) 403   E) 405

21. Der größte gemeinsame Teiler zweier natürlicher Zahlen ist 6, ihr kleinstes gemeinsames Vielfaches ist 210.
Ermittle alle Zahlen mit den genannten Eigenschaften.

22. In einem Haus mit 28 Fenstern sollen einige fehlende Fensterläden beschafft werden, so daß an jedem Fenster zwei Läden vorhanden sind. Einige Fenster haben noch zwei Läden, bei der gleichen Anzahl von Fenstern fehlen beide, der Rest hat je einen Laden.
Wie viele neue Fensterläden braucht man?
Begründe die Antwort.

23. Wenn Ann auf Bens Schultern steht, kann sie gerade über eine Mauer sehen. Wenn Ben auf Cons Schulter steht, kann er nichts sehen außer Ziegelsteinen. Wenn Con auf Dens Schulter steht, kann sie leicht darüber schauen.
Wer sind der (die) größte und wer der (die) kleinste?
A) Ann & Ben   B) Den & Con   C) Den & Ben   D) Ann & Con
E) Ist nicht sicher

24. Ein Sohn fragte seinen Vater nach dessen Alter und erhielt folgende Antwort: „Dein Alter beträgt jetzt ein Drittel von meinem, aber vor fünf Jahren betrug es nur ein Viertel davon."
Wie alt ist der Vater?

Aufgaben — Klassenstufe 7

25. Bei einer Quiz-Veranstaltung wurden jedem Teilnehmer 30 Fragen gestellt. Für jede richtige Antwort wurden 4 Punkte vergeben, für jede falsche Antwort ein Punkt abgezogen.
Theo beantwortete alle Fragen und erreichte dabei 60 Punkte.
Wie viele Fragen beantwortete er richtig?

26. Jörg war in der Kaufhalle einkaufen. Für ein Drittel des Geldes kaufte er Milch (in Flaschen), für die Hälfte des Geldes Brause, für ein Zwanzigstel Brötchen und für den Rest von 3,50 Mark Butter und Käse.
Wieviel Geld hat Jörg ausgegeben?

27. Drei Autobahnlinien haben als Abfahrtsplatz Montparnasse in Paris. Die Autobusse der ersten Linie sind nach 1 h 36 min zurück und haben 4 min Pause.
Die Autobusse der zweiten Linie sind nach 1 h 48 min zurück und haben 12 min Pause; die der dritten Linie sind nach 2 h 10 min zurück und haben 20 min Pause.
Drei Autobusse, einer auf jeder Linie, fahren gemeinsam um 8 Uhr am Bahnhof Montparnasse ab.
a) Wann fahren die drei Autobusse das erste Mal wieder gemeinsam vom Bahnhof Montparnasse ab?
b) Wieviel Fahrten hat dann jeder Autobus durchgeführt?

28. Bitte deinen Freund, sein Alter in vollen Jahren aufzuschreiben und dann folgende Rechenoperationen durchzuführen:
1) Multipliziere die Zahl mit 5.
2) Addiere zu dem Ergebnis 25.
3) Multipliziere die Summe mit 2.
4) Addiere die Zahl des Wochentages, an dem er geboren wurde. (Montag ist der erste Tag.)
5) Subtrahiere von der Summe 50.
Wenn dir dein Freund das Endergebnis nennt, kannst du sofort sagen, wie alt er ist und an welchem Wochentag er geboren wurde. Wie ist das möglich?

29. Aus einem Korb mit Eiern entnahm man die Hälfte aller Eier, danach die Hälfte des Restes, dann die Hälfte des neuen Restes und zum Schluß noch einmal die Hälfte des letzten Restes. Danach verblieben im Korb 10 Eier.
Wieviel Eier waren zu Anfang im Korb?

30. Das Schema zeigt den Plan einer Stadt, in der es nur Einbahnstraßen gibt. An jeder Straßenkreuzung fährt die eine Hälfte der Wagen in die eine Richtung und die andere Hälfte der Wagen in die andere Richtung. 640 Wagen kommen in A in die Stadt.

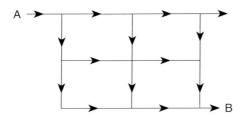

Wieviel verlassen sie in B?
A) 320   B) 480   C) 560   D) 600

31. a) Frischgemähtes Gras hat einen Feuchtigkeitsgehalt von 60%; Heu hingegen hat einen Feuchtigkeitsgehalt von nur 20%.
Wieviel Kilogramm Heu erhält man aus einer Tonne frischgemähten Grases?
b) Beim Räuchern von Schinken rechnet man mit einem durchschnittlichen Gewichtsverlust von 12%.
Welches war das Frischgewicht eines Schinkens, der geräuchert 9,25 kg wog?

32. a) 18% der Ersparnisse von Albert ergeben denselben Geldbetrag wie 45% der Ersparnisse von Jürgen. Wenn Albert soviel Geld ausgibt, wie der vierte Teil der Ersparnisse von Jürgen ausmacht, dann verbleiben ihm noch 292,50 Mark von seinen Ersparnissen.
Wieviel Mark hatte jeder dieser beiden Schüler gespart?
b) Eine Lotterie schüttet 45% der Einnahmen als Gewinne aus.
Wie viele Lose zu 5 Franken müssen verkauft werden, wenn 87 300 Franken als Gewinne gezahlt werden sollen?

33. Es war ein Problem, das Baby in der Klinik zu wiegen. Es hielt nicht still und brachte die Waage zum Zittern. So hielt ich das Baby und stand auf der Waage, während die Schwester 78 kg ablas. Dann hielt die Schwester das Baby, und ich las 69 kg ab. Schließlich hielt ich die Schwester, während das Baby 137 kg ablas.
Wie groß war das Gesamtgewicht von der Schwester, dem Baby und mir (in kg)?
A) 142   B) 147   C) 206   D) 215   E) 284

34. Man braucht drei Minuten, um eine Wanne zu füllen, und vier Minuten, um sie zu leeren.
Wie lange dauert es, die Wanne zu füllen, wenn der Stöpsel herausgezogen ist?

Aufgaben — Klassenstufe 7

35. Ein Palindrom ist eine ganze Zahl, die von vorn und hinten gelesen dieselbe Zahl ergibt. Wenn man den Doppelpunkt einer Digitaluhr vernachlässigt, sind einige der angezeigten Zeiten Palindrome. Drei Beispiele sind: 1 : 01, 4 : 44 und 12 : 21.
Wie oft treten in einer 12stündigen Periode Palindrome auf?
A) 57   B) 60   C) 63   D) 90   E) 93 (mal)

36. Wenn die Durchschnittspunktzahl der ersten sechs Mathematikteste 84 ist und die Durchschnittspunktzahl der ersten sieben Mathematikteste 85 beträgt, dann ist die Punktzahl des siebenten Tests gleich
A) 86   B) 88   C) 90   D) 91   E) 92.

37. Tom's Hutgeschäft hatte die Originalpreise um 25% erhöht. Nun hat das Geschäft einen Verkaufspreis, bei dem alle Preise 20% niedriger als die erhöhten Preise sind.
Welche Feststellung beschreibt am besten den Verkaufspreis einer Ware?
A) Der Verkaufspreis ist 5% höher als der Originalpreis.
B) Der Verkaufspreis ist höher als der Originalpreis, aber um weniger als 5%.
C) Der Verkaufspreis ist höher als der Originalpreis, aber um mehr als 5%.
D) Der Verkaufspreis ist niedriger als der Originalpreis.
E) Der Verkaufspreis ist gleich dem Originalpreis.

38. In dem Bild sieht man die linke Seitenansicht und die Vorderansicht eines Gebäudes.
Welche der folgenden Abbildungen A, B, C, D, E stellt die Draufsicht dieses Gebäudes dar?

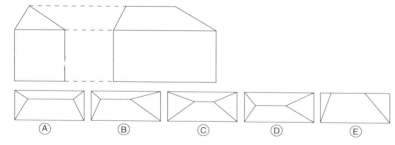

39. Bei einem Preisschießen gaben Günther und Heidrun je 5 Schuß ab. Auf den Scheiben wurden folgende Treffer ermittelt:
Einmal die 3, zweimal die 5, zweimal die 6, zweimal die 7, einmal die 8, einmal die 9, einmal die 10.
Günther erzielte mit seinen letzten vier Schüssen neunmal so viele Ringe wie mit seinem ersten Schuß. Heidrun dagegen erreichte mit ihren vier ersten Schüssen fünfmal so viele Ringe wie mit ihrem letzten Schuß; ihre

Aufgaben — Klassenstufe 7

beiden ersten Schüsse ergaben zusammen genau so viele Ringe wie ihre beiden letzten zusammen. Günther schoß die 9.
a) Wer gewann den Wettkampf?
b) Wer schoß die 10?
Die Antworten sind zu begründen.

40. Zur Ernährung benötigten 6 Pferde und 40 Kühe täglich 472 kg, 12 Pferde und 37 Kühe täglich 514 kg Heu.
Wieviel Heu benötigen bei dieser Ernährung 30 Pferde und 90 Kühe vom 15. Oktober bis zum 25. März einschließlich? (Das Jahr ist kein Schaltjahr.)

41. Zur Herstellung von 1 kg Rosenöl benötigt man 0,5 t Rosenblüten; zur Herstellung von 1 l Parfüm braucht man zwei Tropfen Rosenöl. 25 Tropfen Rosenöl wiegen genau 0,001 kg.
Wieviel Liter Parfüm lassen sich aus 0,8 t Rosenblüten herstellen?

42. Vor einem Radrennen berechnet Nami, daß er, wenn er mit einer Geschwindigkeit von 15 $\frac{km}{h}$ fährt, die Kontrollstation eine Stunde zu früh passiert. Wenn er jedoch die Geschwindigkeit auf 10 $\frac{km}{h}$ verringert, käme er eine Stunde zu spät dort an.
Wieviel Kilometer beträgt die Entfernung vom Start bis zur Kontrollstation?
A) 5   B) 25   C) 50   D) 60   E) 75

43. An einem Handballturnier nahmen 12 Mannschaften teil. Jede dieser Mannschaften mußte gegen jede andere genau einmal spielen. Nachdem 54 Spiele ausgetragen waren, hatte jede Mannschaft noch gleich viele Spiele zu bestreiten.
Wie oft mußte jede Mannschaft noch antreten?

44. In der Materialausgabe eines Betriebes sind durch ein Mißgeschick die Schlüssel von zwölf Vorhängeschlössern durcheinandergekommen. Da zu jedem Vorhängeschloß von den insgesamt zwölf Schlüsseln nur einer paßt und zu jedem Schlüssel nur eines der Vorhängeschlösser, die sich äußerlich nicht voneinander unterscheiden, muß herausgefunden werden, welcher Schlüssel zu welchem Schloß gehört. Klaus, der mit dieser Aufgabe betraut wurde, dachte: „Jetzt muß ich zwölf Schlüssel an zwölf Schlössern ausprobieren, muß also, wenn ich Pech habe, 12 · 12 = 144 Proben ausführen."
Sein Freund Uwe meinte jedoch, daß man mit viel weniger Proben auskommt.

Aufgaben   Klassenstufe 7

Ermittle die kleinste Anzahl von Proben, mit der man mit Sicherheit (d. h. auch noch im ungünstigsten Fall) zu jedem Vorhängeschloß den passenden Schlüssel findet.

45. Das Glasfenster in einer zylindrischen Kaffeemaschine zeigt an, daß man 45 Tassen Kaffee erhält, wenn die Maschine zu 36% gefüllt ist. Wie viele Tassen enthält sie, wenn sie ganz gefüllt ist?
A) 80   B) 100   C) 125   D) 130   e) 262

46. Andreas sagt zu seinem Freund: „Nimm in eine Hand eine gerade, in die andere Hand eine ungerade Anzahl Hölzchen. Verdopple in Gedanken die Anzahl der Hölzchen in der linken und verdreifache die Anzahl der Hölzchen in der rechten Hand. Addiere die beiden Produkte und nenne mir das Ergebnis. Ich werde dir dann mit Sicherheit sagen, in welcher Hand du die gerade Anzahl Hölzchen hast."
Wie kann Andreas die Lösung finden?

47. Die Räder eines Lastwagens, der mit 60 $\frac{km}{h}$ fährt, machen vier Umdrehungen pro Sekunde.
Wie groß ist der Durchmesser jedes Rades in m?

A) $\dfrac{25}{12\pi}$ B) $\dfrac{6\pi}{25}$ C) $\dfrac{25\pi}{6}$ D) $\dfrac{100}{6\pi}$ E) $\dfrac{25}{6\pi}$

48. Die Abbildungen zeigen drei Ansichten des gleichen Würfels in drei verschiedenen Lagen.

Auf jeder der 6 Seiten des Würfels befindet sich eines der fünf folgenden Zeichen:

Demzufolge muß eines dieser Zeichen auf zwei verschiedenen Flächen des Würfels vorhanden sein.
Welches ist dieses Zeichen, wenn man weiß, daß es bei den drei obigen Ansichten niemals auf der unteren Fläche eingezeichnet ist?

49. In jedem der Bilder a, b, c sollen die Ziffern 1, 2, 3, 4, 5, 6, 7, 8, 9 in die Kreise eingetragen werden. Jede dieser Ziffern soll jeweils genau einmal vorkommen. Für einige Kreise ist die einzutragende Ziffer bereits vorgeschrieben. Ferner soll für jede Eintragung folgendes gelten: Addiert man auf einer Dreieckseite die vier Zahlen, so ergibt sich bei jeder der drei Seiten dieselbe Summe.

Aufgaben   **Klassenstufe 7**

a) 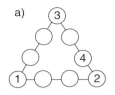 b) 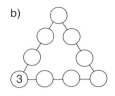 c)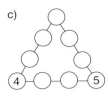

Finde eine Eintragung in Bild a, bei der sich für jede der drei Seiten die Summe 17 ergibt.
Finde möglichst viele Eintragungen in Bild b, bei denen sich für jede der drei Seiten die Summe 21 ergibt.
Finde möglichst viele Eintragungen in Bild c, bei denen sich für jede der drei Seiten dieselbe Summe ergibt. Gib diese Summe jeweils an.

50. Eine „Pyramide" in Mittelamerika ist unten 10 m und oben 4 m breit und 5 m hoch.
Sämtliche „Schichten" sind gleich hoch, haben quadratische Grundflächen und sind so aufeinandergesetzt, daß alle „Stufen" ringsherum gleich breit sind.
Wie groß ist der Inhalt der gesamten sichtbaren Oberfläche?

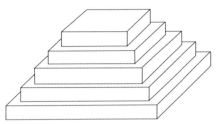

51. a) Bei dem abgebildeten Dreieck sei $\overline{AB} = \overline{AC}$ und $\sphericalangle CAD = 20°$.
Wie groß ist unter der Voraussetzung $\overline{AE} = \overline{AD}$ der Winkel $\sphericalangle BDE$?
A) 8°   B) 9°   C) 10°   D) 12,5°.

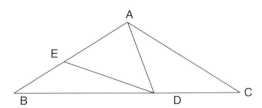

b) In einem Dreieck ABC seien CD und BE die Winkelhalbierenden von $\sphericalangle ACB$ bzw. $\sphericalangle ABC$. Ihr Schnittpunkt sei S. Wie üblich bezeichne α die Größe des Winkels BAC. Vorausgesetzt werde nun, daß der Winkel BSD die Größe 4α hat.
Weise nach, daß durch diese Voraussetzung die Winkelgröße α eindeutig bestimmt ist, und ermittle α.

Aufgaben   Klassenstufe 7

52. a) Welcher Prozentsatz des Flächeninhalts vom abgebildeten Rechteck ist schraffiert?
b) Wie groß ist bei dem Rechteck der Wert y?
A) 8   B) 24   C) 6   D) 21
E) $\frac{8}{3}$ (LE)

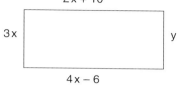

53. Wenn Rosenstöcke mit jeweils einem Fuß (amerikanisches Längenmaß) Abstand zueinander gepflanzt werden, dann benötigt man rund
A) 12   B) 38   C) 48   D) 75   E) 450
Rosenstöcke, um bei einem runden Beet mit einem Radius von 12 Fuß eine Randbepflanzung anzulegen.

54. In einem Spiel ist das „Monster" der Sektor eines Kreises mit dem Radius 1 cm (Figur). Das fehlende Stück (der Mund) hat einen Zentriwinkel von 60°.
Wie groß ist der „Umfang" des Monsters (in cm)?

A) $\pi + 2$ B) 2π C) $\frac{5}{3}\pi$ D) $\frac{5}{6}\pi + 2$ E) $\frac{5}{3}\pi + 2$

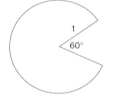

55. Es sei ein gleichschenkliges Dreieck ABC gegeben, wobei $\overline{AC} = \overline{BC}$. Auf der verlängerten Seite CB ist hinter dem Punkt B ein Punkt D derart zu bestimmen, daß $\overline{BD} = \overline{AB}$. Die Schnittpunkte der Winkelhalbierende der Winkel BAC und BAD mit der Strecke CD sind mit E bzw. F zu bezeichnen.
Welche Größe hat der Winkel EAF, wenn Winkel CAB gleich α ist?

56. Konstruiere die Punkte X und Y auf den Schenkeln AC und BC eines gleichschenkligen Dreiecks ABC so, daß AB || XY und $\overline{XY} = 2\overline{AX} = 2\overline{BY}$ gilt.

57. Man betrachte die perspektivisch dargestellte Aufstapelung von Quadern gleicher Dimension, die auf einem Rechteck stehen, dessen drei Eckpunkte A, B und C sind.
Welches ist das „beste" Intervall für die Anzahl n der aufgestapelten Quader?
A) $18 \leq n \leq 20$ B) $17 \leq n \leq 20$
C) $18 \leq n \leq 21$ D) $18 \leq n \leq 22$
E) $17 \leq n \leq 24$

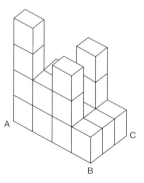

Aufgaben   Klassenstufe 7

58. Welche Größe hat x auf Grund der Angaben in nebenstehender Figur?
A) $\gamma - \alpha - \beta$ B) $\alpha + \gamma - \beta$ C) $\alpha + \beta - \gamma$ D) $\beta + \gamma - \alpha$ E) $\gamma - \beta$

59. Wie groß ist der Winkel ABC, wenn die Größe des Winkels BFE 65° beträgt und wenn ABFG und BCDE Quadrate gleichen Flächeninhalts sind?
A) 115°   B) 120°   C) 125°   D) 130°   E) 135°

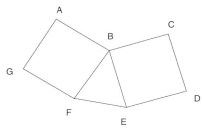

60. Ein Schüler zeichnete ein Viereck an die Wandtafel. Hans behauptete, es sei ein Quadrat. Fritz meinte, es sei ein Trapez. Maria hielt das Viereck für einen Rhombus. Eva nannte das Viereck ein Parallelogramm. Der Lehrer stellte nach gründlicher Untersuchung des Vierecks fest, daß genau drei der vier Behauptungen richtig, genau eine falsch war.
Was für ein spezielles Viereck hat dieser Schüler an die Wandtafel gezeichnet?

61. Gegeben seien ein Winkel mit dem Scheitelpunkt S und ein Punkt M im Inneren der „Winkelfläche".
Durch M konstruiere man nun eine Gerade derart, daß der Abschnitt der Geraden zwischen den Schenkeln des Winkels durch M in zwei gleiche Teile geteilt wird.

62. Es ist zu beweisen, daß im nicht gleichschenkligen, rechtwinkligen Dreieck die Winkelhalbierende des rechten Winkels auch den Winkel zwischen Höhe und Seitenhalbierender der Hypotenuse halbiert.

63. Gegeben sei ein Quadrat ABCD mit der Seitenlänge a = 6 cm. Es ist ein Kreis k zu konstruieren, der die Quadratseiten AB und BC berührt und durch den Punkt D geht.
Die Konstruktion ist zu begründen.

64. Mit der folgenden Konstruktion kann man offenbar einen Winkel verdoppeln und verdreifachen:
Wähle eine Länge r (nicht zu klein) und bestimme A auf dem Schenkel g so, daß der Abstand |AS| = r ist. Mit einem Kreis um A mit dem Radi-

Aufgaben   Klassenstufe 7

us r findet man B auf dem anderen Schenkel h so, daß |AS| = r ist. Entsprechend kommt man zu C. Die eingezeichneten Winkel bei A und bei B sind dann doppelt bzw. dreimal so groß wie der Winkel bei S.

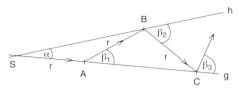

a) Beweise das Konstruktionsverfahren zur Verdreifachung eines Winkels.

b) Welche Probleme ergeben sich, wenn man die Konstruktion zur Drittelung eines Winkels umkehren möchte?

c) Was für Winkel ergeben sich, wenn man das Konstruktionsverfahren beliebig fortsetzt? Wie sieht die Konstruktion für spezielle Winkel aus (15°, 30°, 45°, 50°, ...)?

65. a) Gegeben sei ein Kreis.
Welche Punkte der Ebene können Höhenschnittpunkte in einem diesem Kreis einbeschriebenen Dreieck sein?

b) Der Kreis A besitzt einen Radius von 12 cm, der Kreis B einen Radius von 3 cm.
Um wieviel Grad wird sich die eingezeichnete Strecke drehen, die den Radius des Kreises B darstellt, wenn B auf der Innenseite von A einmal vollständig durchgerollt ist (A vollständig „durchlaufen" hat)?

66. In einem Dreieck ABC seien AD, BE und CF die drei Seitenhalbierenden. Sie gehen bekanntlich durch einen gemeinsamen Punkt S.
Beweise, daß für jedes Dreieck mit diesen Bezeichnungen die Aussage gilt: Alle sechs Dreiecke BDS, DCS, CES, EAS, AFS, FBS haben denselben Flächeninhalt.

KLASSENSTUFE 8

66 Olympiadeaufgaben

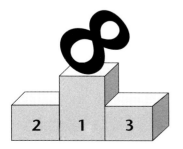

Wann ist die Freude am größten?
Wenn du das Gewünschte erreichst.
Thales von Milet
(um 624 v. u. Z. bis um 546 v. u. Z.)

Aufgaben Klassenstufe 8

1. In der Zahl $\boxed{*3\,78*}$ sind an die Stelle der beiden Sternchen Ziffern so zu setzen, daß die entstehende Zahl durch 72 teibar ist.
Wie hast du die fehlenden Ziffern ermittelt?

2. Bestimme alle in dezimaler Schreibweise dargestellten vierstelligen natürlichen Zahlen $\overline{abcd}$, für deren Ziffern gilt:
1.) $b^d = \overline{ca}$,   2.) $b \cdot d = \overline{ac}$ und   3.) $a + c = b$.

3. Zdeněk hat wie angeführt gekürzt:

$$\frac{1\!\!\!/6}{6\!\!\!/4} = \frac{1}{4}; \qquad \frac{2\!\!\!/6}{6\!\!\!/5} = \frac{2}{5}.$$

Dem Lehrer gefällt diese Art natürlich nicht, aber Zdeněk verteidigt sein Verfahren damit, daß die Ergebnisse richtig sind.
Bestimme alle Brüche mit zweistelligen Zählern und Nennern, die – auf diese Art gekürzt – ein richtiges Ergebnis liefern.

4. Zeige, daß es keine dreistellige Zahl z gibt, die gleich dem Neunfachen ihrer Quersumme ist.

5. a) In dem nebenstehenden 16-feldrigen magischen Quadrat sind die leeren Felder mit Zahlen x so zu ergänzen, daß die Summen in jeder Zeile, Spalte und Diagonale den gleichen Betrag ergeben.
Dabei soll sein: $-4 \leq x < 12$.

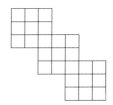

b) Setze natürliche Zahlen von 1 bis 9 so in die 25 Quadrate ein, daß in jeder Zeile und Spalte die Summe 18 erscheint.

6. Albrecht Dürer bringt auf seinem Stich „Melancholie" ein „magisches Quadrat" aus den Zahlen 1 bis 16, d. h., ein Quadrat, in dem jede Zeile, jede Spalte und jede Diagonale denselben Summenwert hat.
In den beiden Mittelfeldern der untersten Zeile ist das Entstehungsjahr des Stiches abzulesen.
Im Bild ist dieses Quadrat mit unvollständigen Eintragungen wiedergeben.
Begründe, wie das magische Quadrat auszufüllen ist, und gib das Entstehungsjahr an.

16	3	2	13
			8
9			12
4			

Aufgaben **Klassenstufe 8**

7. Die Zahl 16 ist die kleinste ganze Zahl größer als 1, die gleichzeitig eine Quadratzahl und eine vierte Potenz von zwei verschiedenen ganzen Zahlen ist: $16 = 4^2$ und $16 = 2^4$.
Kannst du die zwei kleinsten positiven ganzen Zahlen ermitteln, die gleichzeitig das Quadrat und die dritte Potenz von zwei verschiedenen ganzen Zahlen sind?
Finde eine einfache Regel, die zur richtigen Lösung führt.

8. Bestimme alle zweistelligen natürlichen Zahlen $10a + b$ (a, b Ziffern, $a \neq 0$), für die gilt:
$(10a + b)^2 = (a + b)^3$.

9. a) Bestimme alle von Null verschiedene Zahlen x, für die gilt:
$x^x + x = \overline{x0}$.
b) $\overline{xyx} + \overline{xxy} + \overline{xyy} = \overline{3xx}$
c) Bestimme die Ziffern a und b aus der Gleichung
$\overline{aaa} = b \cdot a \cdot \overline{ba}$,
wobei $\overline{aaa}$ bzw. $\overline{ba}$ die dezimale Schreibweise einer drei- bzw. zweistelligen natürlichen Zahl ist.
d) Setze in die Additionsaufgabe für die verschiedenen Buchstaben verschiedene Ziffern so ein, daß eine richtig gelöste Aufgabe entsteht.
$\overline{abc} + \overline{def} = \overline{ghi}$
e) Bestimme alle natürlichen Zahlen a, b, c, für die gilt:
$\overline{ab} = 144$, $\overline{bc} = 240$, $\overline{ac} = 60$.

10. In welchem Fall ist 7 ein Teiler der Summe der Quadrate von sechs aufeinanderfolgenden natürlichen Zahlen?

11. $88 \longrightarrow \underbrace{64}_{(8 \cdot 8)} \longrightarrow \underbrace{24}_{(6 \cdot 4)} \longrightarrow \underbrace{8}_{(2 \cdot 4)}$

Die dargestellte Zahlenfolge ergibt sich, wenn man wie folgt vorgeht:
Beginne mit einer zweistelligen Zahl. Die nächste Zahl ist das Produkt der Ziffern der vorhergehenden Zahl. Beende den Vorgang, wenn eine einstellige Zahl erreicht ist.
Die dargestellte Zahlenfolge besitzt vier Glieder.
Ermittle das erste Glied der einzigen Zahlenfolge mit 5 Gliedern.
(Hinweis: Das letzte Glied ist 8.)

12. Welches der drei Relationszeichen $<, =, >$ ist für das Zeichen $\square$ zu setzen, um eine wahre Aussage zu erhalten?
$\dfrac{5\,678\,901\,234}{6\,789\,012\,345} \;\square\; \dfrac{5\,678\,901\,235}{6\,789\,012\,347}$

Aufgaben   **Klassenstufe 8**

13. $\dfrac{(0,2)^3}{(0,02)^2}$ ist gleich

A) 0,2   B) 2   C) 10   D) 15   E) 20.

14. Eine zulässige Telefonnummer sei eine 7stellige Zahl, die nicht mit einer 0 oder 1 beginnt.
Welcher Bruchteil von zulässigen Tefefonnummern beginnt mit einer 9 und endet mit einer 0?

A) $\dfrac{1}{63}$ B) $\dfrac{1}{80}$ C) $\dfrac{1}{81}$ D) $\dfrac{1}{90}$ E) $\dfrac{1}{100}$

15. Teile die Zahl 1989 so in drei Teile auf, daß 3% des ersten so viel wie 2% des zweiten und ebensoviel wie 60% des dritten Teils sind.

16. Die natürlichen Zahlen von 1 bis n sind im Kreis angeordnet. Man streicht die „1", dann die „3", die „5" usw.: jede zweite Zahl von den jeweils noch vorhandenen wird gestrichen, bis nur noch eine übrig bleibt. (Beispiel: für n = 10 bleibt die Zahl 4 übrig)
Gesucht ist diese Zahl für n = 1000.

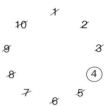

17. a) Ermittle sämtliche Lösungen des nebenstehenden Kryptogramms, d. h. sämtliche Möglichkeiten, die Buchstaben so durch Ziffern zu ersetzen, daß alle waagerecht und senkrecht stehenden Gleichungen erfüllt sind. Dabei sollen gleiche Buchstaben gleiche und verschiedene Buchstaben verschiedene Ziffern bedeuten.

```
ABC – DE = AFG
 :      –     –
 H  · HA =  CH
──────────────
BJ + AJ = AAC
```

b)

```
☐ 4 · ☐    :  ☐ 3 +  ☐ 0 – 3
☐ :  ☐ 2 +  ☐    –    – 3
☐ ·  ☐ 2 + ☐ 1 :  ☐    – 8
────────────────────────────
☐ 8 – ☐ 3 + ☐ 7 + ☐  – ☐ 0
```

18. a) Ersetze die Sternchen durch passende Grundziffern.
b) und c) In den Aufgaben sind die Buchstaben durch jeweils eine Ziffer von 0 bis 9 zu ersetzen. Gleiche Buchstaben bedeuten gleiche Ziffern, ungleiche Buchstaben ungleiche Ziffern.

a)
```
  7∗ · ∗∗∗
  ─────────
     ∗∗
    ∗∗
   ∗∗
  ─────────
   ∗∗∗6
```

b)
```
  T T T
 +R R R
 +I I I
 ──────
  ŠEST
```

c)
```
  forty
  +ten
  +ten
  ─────
  sixty
```

52

(Aufgabe b: Senkrecht gelesen
TRI   TRI   TRI   ŠEST,
das ist tschechisch und bedeutet im Deutschen
DREI   DREI   DREI   NEUN)

19. Beweise folgende Behauptung:
Wenn bei einer sechsstelligen Zahl die ersten drei Ziffern mit den letzten drei Ziffern übereinstimmen (z. B. 781 781), so ist die Zahl stets durch 7, 11 und 13 teilbar.

20. Fritz rechnet: $32 \cdot 38 = 30 \cdot 40 + 2 \cdot 8$ bzw.
$73 \cdot 77 = 70 \cdot 80 + 3 \cdot 7$.
Leite daraus eine Rechenregel ab und beweise sie allgemein.

21. „Entziffere" selbst die aus Finnland stammende Aufgabe:
„Etsi Kokonaislufut x ja y, joille pätee $y^3 - x^3 = 91$."
Suche die vier möglichen Lösungen.

22. Man „startet" mit dem Bruch $\frac{1}{10}$, addiert dazu im Zähler und im Nenner jeweils 1, danach 2, dann 3 usw. Man erhält so die Brüche $\frac{1}{10}, \frac{2}{11}, \frac{3}{12}, \frac{4}{13}, \frac{5}{14}, \ldots$ Entsprechend verfährt man mit dem „Anfangsbruch" $\frac{1}{11}$.
Gib fünf Brüche an, die in beiden Mengen vorkommen. (Erweitere geeignet.)

23. Die Summe zweier Zahlen ist 177. Teilt man die größere der beiden Zahlen durch die kleinere, so erhält man 3 und den Rest 9.
Wie lauten die beiden Zahlen?

24. Auf welche Ziffer endet $11^{1980} - 7^{1980}$?

25. Wenn man die beiden Zahlen 313 und 390 durch die gleiche zweistellige natürliche Zahl dividiert, erhält man den gleichen Rest.
Wie heißt der Divisor?

26. In dem abgebildeten neunfeldrigen Quadrat sind in der ersten und dritten Zeile verschiedene Symbole in einer ganz bestimmten Anordnung dargestellt.

Aufgaben **Klassenstufe 8**

Welche von den daneben dargestellten Symbolen gehören logischerweise in die mittlere Zeile und in welcher Reihenfolge?

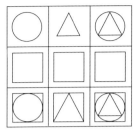
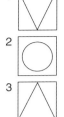
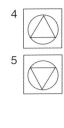

27. Die Weglänge zwischen Reykjavik und Thingvellier beträgt 50 km. A fährt morgens 8 Uhr mit dem Fahrrad von Reykjavik nach Thingvellier, B reitet gleichzeitig von Thingvellier nach Reykjavik los. A radelt im Durchschnitt 14 $\frac{km}{h}$, B reitet durchschnittlich 11 $\frac{km}{h}$.
Um welche Zeit und in welcher Entfernung von Reykjavik begegnen sich die beiden?

28. Herr Schäfer hatte sich zwei Hunde gekauft. Er mußte sie aber wieder verkaufen. Dabei erhielt er für jeden Hund 180 Mark. Wie Herr Schäfer feststellte, hatte er damit an dem einen Hund 20% von dessen früherem Kaufpreis dazugewonnen, während er den anderen Hund mit 20% Verlust von dessen früherem Kaufpreis weiterverkauft hatte.
Untersuche, ob sich hiernach für Herrn Schäfer insgesamt beim Verkauf beider Hunde ein Gewinn oder ein Verlust gegenüber dem gesamten früheren Kaufpreis ergeben hat. Wenn dies der Fall ist, so ermittle, wie hoch der Gewinn bzw. der Verlust ist.

29. Vor dem Begin eines Pferderennens fachsimpelten vier Zuschauer über den möglichen Einlauf der drei Favoriten A, B und C. Zuschauer:
(1): „A oder C gewinnt."
(2): „Wenn A Zweiter wird, gewinnt B."
(3): „Wenn A Dritter wird, dann gewinnt C nicht."
(4): „A oder B wird Zweiter."
Die drei Favoriten A, B und C belegten tatsächlich die ersten drei Plätze, und alle vier Aussagen waren wahr. Wie lautete der Einlauf?

30. Auf wieviel verschiedene Arten kann man ein 20-Kopeken-Stück in Münzen der Werte von 10, 5, 3 und 2 Kopeken wechseln?

31. Wir setzen voraus, daß die geschätzten Kosten von 20 Billionen Dollar, die der Flug eines Menschen zum Planeten Mars kostet, gleichmäßig auf die 250 Millionen Menschen der USA aufgeteilt würden. Dann hätte jede Person
A) 40 Dollar   B) 50 Dollar   C) 80 Dollar   D) 100 Dollar
E) 125 Dollar zu bezahlen.

Aufgaben — Klassenstufe 8

32. a) Ein Schachmeister spielte gleichzeitig (simultan) gegen mehrere Schachspieler. In der ersten Stunde gewann er sieben Zwölftel aller Spiele; danach gewann er noch 80% der restlichen Spiele. In der ersten Stunde gewann er 12 Spiele mehr als in der Zeit danach.
Wie viele Schachpartien wurden insgesamt gespielt?
b) In einer Finalrunde eines Schachturniers spielen drei Spieler. Je zwei von ihnen spielen die gleiche Anzahl von Spielen. Ein Reporter, der über das Turnier berichtet, schreibt:
„A gewann die meisten Spiele, B verlor am wenigsten, und C gewann die Meisterschaft mit den meisten Punkten."
Kann dieser Bericht korrekt sein?
(Der Sieger erhält beim Schachspiel 1 Punkt, der Verlierer 0 Punkte, und bei Remis erhält jeder $\frac{1}{2}$ Punkt.)

33. Wievielmal bilden der Stunden- und der Minutenzeiger einer Uhr im Verlaufe von 24 Stunden einen rechten Winkel zueinander?

34. Vier Mannschaften, A, B, C und D, trugen ein Fußballturnier aus. Jede Mannschaft spielte genau einmal gegen jede andere Mannschaft. Jedes gewonnene Spiel wurde mit 2 Punkten für die Siegermannschaft und mit 0 Punkten für die Verlierermannschaft gewertet, jedes unentschiedene Spiel mit je einem Punkt für beide Mannschaften. Weiterhin ist folgendes bekannt:
a) Keine Mannschaft blieb ohne Punkte.
b) Mannschaft A konnte ihren Turniersieg vom vorigen Jahr nicht wiederholen, erreichte aber eine höhere Gesamtpunktzahl als Mannschaft B.
c) Mannschaft C gewann kein Spiel, sie erreichte eine geradzahlige Gesamtpunktzahl.
d) Mannschaft D spielte in keinem ihrer Spiele unentschieden und gewann gegen B und gegen den Turniersieger des vorigen Jahres.
Untersuche, ob aus diesen Angaben eindeutig folgt, welche Punktzahlen jedes Spiel des Turniers den einzelnen Mannschaften erbrachte und welche Gesamtpunktzahlen sie erreichten. Ist das der Fall, so trage die Punktzahlen in die folgende Tabelle ein.

	Erreichte Punktzahl				Summe
	A	B	C	D	
A					
B					
C					
D					

Aufgaben   **Klassenstufe 8**

35. András, Frici und János spielen zusammen mit Murmeln. Zu Beginn des Spiels betrug das Verhältnis der Anzahlen ihrer Murmeln 2 : 3 : 5, nach Beendigung des Spiels hingegen 1 : 2 : 5. (Es ist stets die gleiche Reihenfolge zugrunde gelegt.) Einer der drei Jungen hatte zum Schluß zwei Murmeln an die anderen verloren.
Wie heißt dieser Junge mit Vornamen?
Wie viele Murmeln gewannen bzw. verloren die beiden anderen Jungen im Verlaufe des Spieles?

36. Im Chiu-Fußball-Klub haben die aktiven Fußballspieler einen Mitgliedsbeitrag von je 5 Shs, die gewöhnlichen Mitglieder von nur je 2 Shs zu entrichten. Der Kassierer, der als Beiträge insgesamt 476 Shs vereinnahmt hat, weiß, daß die Anzahl der aktiven Spieler 60 nicht überschreitet und die Anzahl der gewöhnlichen Mitglieder kleiner als 100 ist.
Es sind die möglichen Anzahlen an aktiven Spielern und gewöhnlichen Mitgliedern dieser Klubs zu berechnen.
Angenommen, im folgenden Jahr werden 42 neue Mitglieder in den Klub aufgenommen und zugleich scheiden 25 alte Mitglieder aus. Welchen Maximalbetrag aus den Mitgliedsbeiträgen könnte der Kassierer dann einnehmen?
(Shs: Schekel . Massemaß . Geldstück in Tansania)

37. Drei Jungen mit Vornamen Peter, Martin und Wenzel überprüften ihr Gewicht auf einer Dezimalwaage. Es stellten sich aber jeweils zwei dieser Jungen zugleich auf die Waage. Für Peter und Martin zeigte die Waage 83 kg, für Peter und Wenzel 85 kg, für Martin und Wenzel 88 kg an.
Wieviel wiegt jeder dieser drei Jungen?

38. Der Aware-Sportklub hat 100 Mitglieder; 90 spielen Fußball, 80 spielen Basketball, und 70 spielen Volleyball. Einige Mitglieder betreiben keine dieser Sportarten, aber die Anzahl der Mitglieder, die alle drei Sportarten betreiben, ist 19mal so groß wie die Anzahl der nichtspielenden Mitglieder. Es gibt einige Fußballer, die keine der anderen Sportarten betreiben, aber die Basketball- und Volleyballspieler betreiben alle zumindest zwei Sportarten.
Wie viele Mitglieder spielen nur Fußball?

39. Eine Speditionsfirma berechnet einen Tarif, der sich aus einem Festbetrag und einem Transportpreis proportional zur Entfernung und Masse der Ware zusammensetzt. Für den Transport einer Kiste von 25 kg über eine Entfernung von 30 km werden 420 Francs und für ein Frachtstück von 20 kg über eine Entfernung von 10 km 145 Francs berechnet.
Wie hoch ist der Festbetrag (in Francs)?
A) 45   B) 75   C) 85   D) 100   E) 310

Aufgaben — Klassenstufe 8

40. Eine 8. Klasse einer Oberschule setzt sich aus Jungen und Mädchen zusammen.
Ein Junge dieser Klasse sagt: „Ich habe fünfmal soviel Mitschüler wie Mitschülerinnen."
Ein Mädchen dieser Klasse sagt: „Ich habe sechsmal soviel Mitschüler wie Mitschülerinnen."
Berechne, wieviel Jungen und wieviel Mädchen dieser Klasse angehören.

41. In einer Klasse sind 40 Schüler. Jeder von ihnen lernt mindestens eine der Fremdsprachen Englisch, Deutsch oder Französisch. 34 Schüler lernen mindestens eine der Sprachen Englisch oder Deutsch. 25 Schüler lernen mindestens eine der Sprachen Deutsch oder Französisch. 6 Schüler lernen nur Deutsch. Genau die Sprachen Englisch und Deutsch lernen drei Schüler mehr als Französisch und Deutsch. Kein Schüler lernt Englisch und Französisch.
Wie viele Schüler lernen genau eine bzw. genau zwei Sprachen?

42. Von Lew Nikolajewitsch Tolstoi (1828 bis 1910), einem bedeutenden russischen Schriftsteller, stammt folgende Aufgabe: Schnitter sollen zwei Wiesen mähen. Am Morgen begannen alle, die größere Wiese zu mähen. Vom Mittag dieses Tages an teilten sie jedoch die Arbeit anders ein: Die Hälfte der Schnitter verblieb beim Mähen der ersten Wiese, die sie bis zum Abend fertig mähten. Die anderen Schnitter gingen zum Mähen der zweiten Wiese über, deren Flächeninhalt gleich dem der Hälfte der ersten war und arbeiteten bis zum Abend. Nun blieb auf der zweiten Wiese ein Rest, für den ein Schnitter allein einen ganzen Tag benötigte.
Wieviel Schnitter waren am ersten Tag bei der Arbeit?
Anmerkung: Es sei vorausgesetzt, daß jeder Schnitter an jedem Vormittag eine genauso große Fläche wie an jedem Nachmittag mäht und daß die Arbeitsleistung aller Schnitter die gleiche ist.

43. Ein Jagdkollektiv erlegte während einer Jagd Fasane, Hasen und Rebhühner. Die Anzahl der geschossenen Fasane verhält sich zur Anzahl der erlegten Hasen wie 7 : 15. Die Anzahl der erlegten Hasen verhält sich zur Anzahl der geschossenen Rebhühner wie 3 : 2. Die insgesamt erlegten Tiere hatten zusammen 186 Beine mehr als Köpfe.
Wie viele Fasane, Hasen bzw. Rebhühner wurden von dem Jagdkollektiv erlegt?

Aufgaben — Klassenstufe 8

44. a) Wenn M, N, P, Q die Seitenmitten des Quadrates ABCD sind, wie groß ist dann die Fläche des schraffierten Quadrates?

b) The points that are shown in the diagram divide each of the sides of square ABCD in five equal parts. What is the ratio between the area of the shaded square and the area of square ABCD?

A) $\dfrac{1}{5}$ B) $\dfrac{1}{16}$ C) $\dfrac{1}{24}$ D) $\dfrac{1}{26}$ E) $\dfrac{1}{25}$

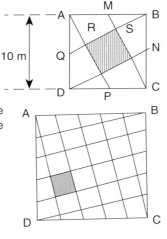

45. Vier Schüler, Anja, Birgit, Christoph und Dirk, spielten folgendes Spiel, dessen Regeln ihnen allen bekannt waren: Einer von ihnen, z. B. Dirk, verläßt das Zimmer. Nun nimmt eine der Personen, Anja, Birgit oder Christoph, einen vereinbarten Gegenstand, etwa einen Fingerhut, an sich, und Dirk wird wieder hereingerufen. Er erhält dann von den drei Mitspielern Aussagen mitgeteilt, wobei genau derjenige eine falsche Aussage macht, der den Fingerhut bei sich hat.

Anja: Ich habe den Fingerhut nicht, und Christoph hat den Fingerhut.
Birgit: Anja hat den Fingerhut, und ich habe den Fingerhut nicht.
Christoph: Ich habe den Fingerhut nicht.

Untersuche, ob mit Hilfe dieser Aussagen eindeutig feststeht, welcher Spieler den Fingerhut genommen hatte.
Ist dies der Fall, so ermittle diesen Spieler.

46. Im Stadium der Tausendfüßler und dreiköpfigen Drachen gab es zusammen 26 Köpfe und 298 Beine. Jeder Tausendfüßler hat 40 Beine und einen Kopf.
Wieviel Beine hat ein dreiköpfiger Drache?

47. Drei Radfahrer starten zum gleichen Zeitpunkt im Ort A und fahren auf demselben Weg mit unterschiedlichen, aber jeweils konstanten Geschwindigkeiten bis zum Ort B. Ihre Fahrzeiten verhalten sich wie 3 : 4 : 5. Der erste Radfahrer trifft in B um 14 Uhr, der zweite um 14.20 Uhr ein. Die Geschwindigkeit des zweiten Radfahrers betrug dabei 30 $\frac{km}{h}$.

a) Um wieviel Uhr trifft der dritte Radfahrer im Ort B ein?
b) Wieviel Minuten benötigt jeder der drei Radfahrer, um die Entfernung $\overline{AB}$ zurückzulegen?
c) Wie groß ist die zurückgelegte Entfernung?
d) Mit welchen Geschwindigkeiten fuhren der erste bzw. der dritte Radfahrer?

48. Ein Reisender fährt mit einem Zug, der mit einer Geschwindigkeit von 60 $\frac{km}{h}$ fährt. Er sieht, daß am Fenster ein entgegenkommender Zug innerhalb von 4 s vorbeifährt.
Welche Geschwindigkeit hat der Gegenzug, wenn seine Länge 120 m beträgt?

49. In einem Kasten befinden sich 100 nur durch ihre Farbe unterscheidbare Kugeln: 28 rote, 28 blaue, 26 schwarze, 16 weiße und zwei grüne Kugeln. Ulrike soll mit verbundenen Augen so viele Kugeln herausnehmen, daß mindestens neun der entnommenen Kugeln die gleiche Farbe haben.
Ermittle die kleinste Anzahl von Kugeln, die sie nehmen muß.

50. An einer Kreuzung steht die Verkehrsampel für 50 s auf „Grün", 5 s auf „Gelb" und 30 s auf „Rot". Um 7 Uhr schaltet die Ampel auf „Grün".
Wie oft steht die Ampel zwischen 7 Uhr und 19 Uhr auf „Grün"?

51. Im Jahre 1981 ist mein Lebensalter gleich der Summe der als Zahlen aufgefaßten einzelnen Grundziffern des Jahres, in dem ich geboren bin.
Wie alt bin ich?

52. Während einer Kindergeburtstagsfeier spielte man „Geburtsdatum erraten". Katrin, das Geburtstagskind, erklärte ihrem jeweiligen Spielpartner: „Teile dein Geburtsdatum auf in eine Tageszahl und eine Monatszahl. (Mein heutiger Geburtstag, der 24. Mai, wäre z. B. aufzuteilen in die Tageszahl 24 und die Monatszahl 5.) Verdopple nun die Tageszahl deines Geburtsdatums, addiere zum Ergebnis 7, multipliziere die Summe mit 50 und vermehre das Produkt um die Monatszahl deines Geburtsdatums."
Nachdem das Ergebnis genannt wurde, war Katrin in der Lage, das betreffende Geburtsdatum zu nennen.
Erkläre, durch welche Überlegungen man das Geburtsdatum in jedem Falle aus dem Ergebnis der von Katrin geforderten Rechnung finden kann.

Aufgaben   **Klassenstufe 8**

53. Die Figur stellt ein Quadrat WRMS mit einer Seitenlänge von 1 Längeneinheit und ein gleichschenklig-rechtwinkliges Dreieck PMX mit $\overline{PX} = \overline{XM} = 7$ Längeneinheiten dar.
Es ist die Länge der Strecke WP zu berechnen.

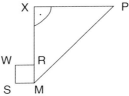

54. Die abgebildete Figur stellt ein Quadrat ABCD mit der Seitenlänge $\overline{AB} = a$ dar. Der Mittelpunkt M der Seite BC und der Mittelpunkt N der Seite CD wurden mit dem Eckpunkt A des Quadrates verbunden. Die Diagonale BD schneide AM in P und AN in Q.
a) Es ist zu beweisen, daß $\overline{BP} = \overline{PQ} = \overline{DQ}$ gilt.
b) Welche der drei Winkel ∡BAP, ∡PAQ, und ∡QAD sind einander kongruent?

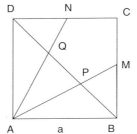

55. Der Punkt F sei innerer Punkt der Seite AD eines Quadrates ABCD. In C wird ein Lot auf CF errichtet, das die über B hinaus verlängerte Seite AB in E schneidet.
Der Flächeninhalt des Quadrates ABCD beträgt 256 cm², der des rechwinkligen Dreiecks FEC beträgt 200 cm². Die Länge der Strecke BE beträgt dann
A) 12 cm   B) 14 cm   C) 15 cm   D) 16 cm   E) 20 cm.

56. Das Bild zeigt zwei Quadrate, die den gleichen Mittelpunkt sowie gemeinsame Diagonalen besitzen.
Die Differenz ihrer Flächeninhalte beträgt 80 cm².
Berechne die ganzzahligen Seitenlängen beider Quadrate.

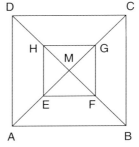

60

Aufgaben — Klassenstufe 8

57. Bei dem nebenstehenden Quadrat mit der Seitenlänge 63 mm hat man zwei gleich große, gleichschenklige Dreiecke abgeschnitten. Der schraffierte Rest hat einen Flächeninhalt von 38 cm². Bestimme aus diesen Angaben die Schenkellänge a der Dreiecke.

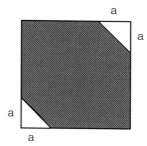

58. Auf den Seiten AD bzw. BC eines Quadrates mit der Seitenlänge 5 cm werden die Punkte E bzw. F so gewählt, daß BF zweimal so lang wie AE ist und der Flächeninhalt des Vierecks EFCD doppelt so groß ist wie der vom Viereck ABFE.
Wie lang ist AE?

59. Die Winkelhalbierende des Winkels DAB des abgebildeten Parallelogramms ABCD schneidet die über C hinaus verlängerte Seite BC in M so, daß CM die Länge 3 cm besitzt.
Es sind die Längen der Seiten des Parallelogramms zu bestimmen, wenn sein Umfang 36 cm beträgt.

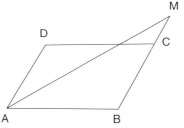

60. AB und CD seien die parallelen Seiten eines Trapezes ABCD und M der Diagonalenschnittpunkt. Der Flächeninhalt des Dreiecks ABM beträgt 8 FE und der des Dreiecks MCD 2 FE.
Berechne den Flächeninhalt des Trapezes (FE: Flächeneinheiten).

61. R und S sind zwei ähnliche Rechtecke. Der Flächeninhalt von R ist um 36% kleiner als der Flächeninhalt von S. Der Umfang von R ist um n% kürzer als der Umfang von S.
Ermittle n.

62. Konstruiere das rechtwinklige Dreieck ABC mit der Hypotenuse $c = \overline{AB}$, wenn ferner die Länge der Seitenhalbierenden $s_c = \dfrac{c}{2}$ und der Winkel ω gegeben sind (ω ist der Winkel zwischen s_c und der Winkelhalbierenden w_γ).

63. Für den Punkt M auf der Hypotenuse des rechtwinkligen Dreiecks ABC gelte $\overline{BM} = \overline{BC}$. H sei der Fußpunkt der Höhe von C auf AB. N sei der Punkt auf AC, für den $\overline{CN} = \overline{CH}$ gilt.
Zeige, daß MN auf AC senkrecht steht.

Aufgaben Klassenstufe 8

64. Es sei ABC ein bei C rechtwinkliges Dreieck, und CD sei die Höhe auf AB. Die Winkelhalbierende von ∢CDB schneide CB in X, und die Winkelhalbierende von ∢CDA schneide AC in Y. Man beweise, daß $\overline{CX} = \overline{CY}$ gilt.

65. a) Ein Holzwürfel mit einer Kantenlänge von 4 cm ist rot angestrichen. Er soll in kleine Würfel der Kantenlänge 1 cm zersägt werden.
1) Wie viele kleine Würfel entstehen?
2) Wie viele kleine Würfel haben keine, genau eine, genau zwei, genau drei rote Fläche(n)?
3) Wie groß sind alle roten Flächen zusammen?

b) Aus einem Würfel mit der Kantenlänge a wird der in Kavalierperspektive abgebildete Körper herausgeschnitten.
Welchen Rauminhalt hat der aus dem Würfel herausgeschnittene Körper?

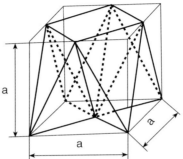

66. a) Drei Cowboys (C_1, C_2, C_3) wurden von Indianern an die ersten drei von fünf hintereinanderstehenden Marterpfählen so angebunden, daß sie nur die Pfähle vor sich sehen können. Sie wissen, daß drei der Pfähle weiß und die übrigen zwei rot sind. Sie kommen frei, wenn einer von ihnen, ohne daß sie miteinander sprechen, mit Sicherheit sagen kann, welche Farbe sein Pfahl hat. Spricht einer der Cowboys zu einem Indianer, können die beiden anderen aber mithören.
Als C_3 gefragt wurde, ob sein Marterpfahl weiß oder rot sei, antwortete er, daß er es nicht genau sagen könne. C_2, der die Antwort von C_3 gehört hatte, gab die gleiche Antwort wie C_3. Nun konnte C_1, der die Antworten von C_3 und C_2 gehört hatte, auf die Farbe seines Marterpfahls schließen. Erkläre seine Überlegungen.

b) Häuptling Trockene Kehle will sich einen Tee kochen. Dazu muß er an den Fluß, um Waser zu holen, muß an den Waldrand, um Brennholz zu sammeln und schließlich in das Tipi, wo die Feuerstelle und die Teebeutel liegen.

Aufgaben　　Klassenstufe 8

Konstruiere mit Zirkel und Lineal den kürzesten Weg für den durstigen Indianer.

a)

b)

KLASSENSTUFE 9

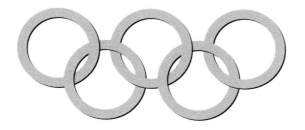

66 Olympiadeaufgaben

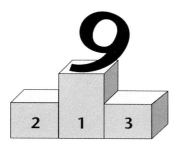

Ich habe die Unart, ein lebhaftes Interesse
bei mathematischen Gegenständen
nur dann zu nehmen,
wo ich sinnreiche Ideenverbindungen
und durch Eleganz oder Allgemeinheit
sich empfehlende Resultate ahnen darf.
Carl Friedrich Gauß

Aufgaben — Klassenstufe 9

1. Nimm eine beliebige (echt) dreistellige Dezimalzahl, multipliziere sie mit 11 und das erhaltene Produkt noch mit 91. Du erhältst ein überraschendes Ergebnis.
Wie kannst du die erkannte Beziehung nachweisen?

2. Bestimme die (von Null verschiedenen) natürlichen Zahlen x und y, wenn man für $x + y$, $x - y$, $x \cdot y$, $x : y$ die Zahlen 48, 26, 22, 12 erhält. (Die Reihenfolge der Ergebnisse ist hier beliebig gewählt.)

3. Welche Zahlen $a, b, c, d \in \{1, 2, 3, 4, 5\}$ erfüllen die Gleichung
$$\frac{a}{6} + \frac{b}{6^2} + \frac{c}{6^3} + \frac{d}{6^4} = \frac{8\,993}{31\,671}?$$

4. Ist es möglich, die Zahlen 1, 2, ..., 12 so auf einem Kreis anzuordnen, daß für je drei aufeinanderfolgende Zahlen a, b, c $(b^2 - ac)$ durch 13 teilbar ist?

5. Gegeben seien zwei aufeinanderfolgende, von Null verschiedene natürliche Zahlen.
Das Produkt aus Vorgänger und Nachfolger der kleineren der beiden vermehrt um ihren Vorgänger ist stets gleich dem Produkt aus Vorgänger und Nachfolger der größeren der beiden Zahlen vermindert um deren Nachfolger.
Gib ein Beispiel an und beweise die Behauptung.

6. Gesucht sind alle vierstelligen natürlichen Zahlen mit der folgenden Eigenschaft:
Die Summe aus der betreffenden Zahl selbst, ihrer Quersumme und der zwei einstelligen Zahlen, die durch die erste und die letzte Ziffer dargestellt werden, beträgt 5 900.

7. Weise nach, daß $N = 3^{9+2} \cdot 4^{9+3} + 3^{9+3} \cdot 4^{9+2}$ durch 63 teilbar ist, ohne den Wert der Zahl N zu bestimmen.

8. Es soll bewiesen werden, daß die Zahl $53^{53} - 33^{33}$ durch 10 teilbar ist.

9. Wenn $a + b = 1$ und $a^2 + b^2 = 2$ ist, dann ist $a^4 + b^4$ gleich
A) 4   B) 8   C) 1   D) 3   E) $\dfrac{7}{2}$.

10. a), b) und e): Es sind die drei Kryptogramme zu lösen.
c) In diesem Dreieck sind waagerecht und senkrecht vier Quadratzahlen zu finden, deren größte ein Vielfaches von 11 ist.

d) Setze alle Ziffern von 0 bis 9 so in die Kreise ein, daß zwei richtig gelöste Multiplikationsaufgaben entstehen.

a)
```
  * 8 * . 4 * 2
  ─────────────
        7 * *
      3 * *
    * * * *
  ─────────────
  * * * * * 0
```

b)
```
* * * * * * : * * = * 0 8 0 *
    * * *
  ─────────
      0 * *
        * *
      ─────
        * * *
          * * *
        ─────
              0
```
(Der Divisor beginnt nicht mit 0.)

c)
```
* * * *
  * * *
    * *
      *
```

d) ○○ · ○   ○○ · ○
   ─────   ─────
    ○○   ○○

e) $a \cdot c \cdot \overline{ac} = \overline{ccc}$

11. Untersuche ohne Verwendung von Näherungswerten, welche der Zahlen $\sqrt[3]{56}$ und $(2 + \sqrt[3]{7})$ die größere ist.

12. a) Löse das Kryptogramm.

$D^A = HANS$

Gleiche Buchstaben bezeichnen gleiche Grundziffern des Dezimalsystems, verschiedene Buchstaben dagegen verschiedene Grundziffern. Außerdem ist bekannt, daß H nicht die Null bezeichnet.

b) Löse das Kryptogramm.

$ILSE = R^{AR}$

Gleiche Buchstaben bedeuten gleiche Grundziffern des Dezimalsystems. Verschiedene Buchstaben bezeichnen verschiedene Grundziffern. Der Buchstabe I bezeichnet nicht die Null, und auch A bezeichnet nicht die Null.

13. a) Ermittle alle diejenigen Paare (x; y) natürlicher Zahlen x, y, für die gilt

$x^2 - y^2 = 1981$.

b) Löse die Gleichung

$x^3 - 3y = 2$

im Bereich der natürlichen Zahlen.

c) Find all pairs of natural numbers (a; b) which are solutions of the equation

$3a^2 + 2ab + 3b^2 = 664$.

d) Zeige, daß die Gleichung

$2x^2 + 5xy - 12y^2 - 2x + 3y - 1 = 0$

keine ganzzahligen Lösungen besitzt.

Aufgaben   **Klassenstufe 9**

14. Setze für die Zeichen ∗ die arithmetischen Zeichen +, −, ·, : ein (jedes arithmetische Zeichen genau einmal). Ermittle danach, welcher Buchstabe für welche Ziffer steht.

(1)   aab ∗ c = adde
(2)   adde ∗ c = ccc
(3)   ccc ∗ f = fff
(4)   fff ∗ g = fhd

15. Das Aufschreiben des nachfolgend angegebenen Polynoms als Produkt zweier Linearfaktoren erfolgte so hastig, daß einige Ziffern unleserlich sind. (Jedes Sternchen bedeutet eine unleserliche Ziffer.)

$x^2 + \ast x - \ast 1 = (x + \ast\ast) \cdot (x - \ast)$

Wie muß die vollständige Gleichung lauten?

16. Es ist bekannt, daß der Graph der Funktion mit der Gleichung

$y = 2x^2 + bx + e$

durch die Punkte P_1 (3; 2) und P_2 (−2; 12) verläuft.
Ermittle die Koeffizienten b und e.

17. Wenn a und b positive Zahlen mit $a^b = b^a$ und $b = 9a$ sind, dann hat a den Wert

A) 9   B) $\dfrac{1}{9}$ C) $\sqrt[9]{9}$ D) $\sqrt[4]{3}$.

18. Bestimme alle vierstelligen Zahlen $\overline{ABCD}$ (A, B, C, D ≠ 0), für die gilt:
$A \cdot B = C + D$, $B \cdot D = A + C$ und $A \cdot C \cdot D = (A + D)^3$.

19. Es ist eine natürliche Zahl n zu finden, wobei bekannt ist, daß die Summe 1 + 2 + 3 + . . . + n eine dreiziffrige Zahl mit gleichen Ziffern ist.

20. Gibt es eine ganze Zahl so, daß das Produkt ihrer Grundziffern gleich 2 340 ist?

21. Ermittle den Restbetrag, wenn 2^{100} durch 5 dividiert wird!

22. In der Divisionsaufgabe a : b = c sind a, b, c so durch natürliche Zahlen zu ersetzen, daß eine richtig gerechnete Divisionsaufgabe entsteht. Dabei sollen nur die Ziffern 1, 2, 3, 4, 5, und zwar jede genau einmal, verwendet werden.
Ermittle alle Tripel (a; b; c) natürlicher Zahlen, die diesen Anforderungen genügen.

Aufgaben — Klassenstufe 9

23. a) Berechne den Wert der Summe

$$\frac{1}{\sqrt{0}+\sqrt{1}} + \frac{1}{\sqrt{1}+\sqrt{2}} + \frac{1}{\sqrt{2}+\sqrt{3}} + \frac{1}{\sqrt{3}+\sqrt{4}} + \ldots + \frac{1}{\sqrt{99}+\sqrt{100}}.$$

b) Wie viele Paare (a; b) natürlicher Zahlen gibt es mit

$0 < a < 100$, $0 < b < 100$ und $\sqrt{a-\sqrt{b}} = \sqrt{b}-\sqrt{a}$?

24. a) In dem abgebildeten Quadrat mit 4×4 Teilquadraten sollen 8 von diesen 16 Teilquadraten gekennzeichnet werden, so daß in jeder Spalte, in jeder Zeile und in den beiden Diagonalen genau zwei Teilquadrate gekennzeichnet sind.
Gib fünf voneinander verschiedene Lösungen der Aufgabe an, d. h. Lösungen, von denen sich keine zwei durch Spiegelung oder Drehung ineinander überführen lassen. Eine Begründung wird nicht verlangt.
b) Das magische Zahlengitter ist mit Hilfe der Zahlen

5, 14, 15, 16, 20, 22, 27, 28, 29

zu vervollständigen, so daß jede Zeile und Spalte von natürlichen Zahlen stets die Summe 84 ergibt.

a) 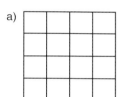   b)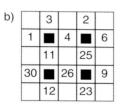

25. Finde drei ganze Zahlen so, daß sich bei Addition irgendeiner dieser Zahlen zum Produkt der beiden anderen immer 2 ergibt.

26. Schreibt man die Zahl 36 von „rechts nach links" (das ist dann 63), so ist die Summe der beiden Zahlen 99.
Wie viele vierstellige Zahlen gibt es, bei denen die Summe 9 999 ist, wenn man auf entsprechende Weise verfährt?

27. In einem Schaufenster sind bunte, gleichgroße Bälle zu einer dreiseitigen regelmäßigen Pyramide aufgeschichtet. Die Bälle der untersten Schicht werden durch drei verbundene Leisten am Wegrollen gehindert. Die Bälle der anderen Schichten liegen jeweils in den Vertiefungen der darunter liegenden Schicht.
In der untersten Schicht zählt man an jeder Seite acht Bälle.
Wieviel Bälle liegen in den einzelnen Schichten und wieviel in der ganzen Pyramide?

Aufgaben Klassenstufe 9

28. Albert hat in England für sich eine Schallplatte zum Preis von 7 £ (Pfund Sterling) und für Boris eine Schallplatte zum Preis von 9 £ bestellt. Für diese beiden Platten und die Versandkosten belief sich die Rechnung auf 19,20 £, wofür Albert 1152 Francs bezahlt hat.
Wieviel Francs schuldet ihm Boris, wenn die Versandkosten proportional zum Preis der Schallplatten aufgeteilt werden?
A) 420   B) 540   C) 648   D) 712   E) 732

29. a) Zwei Autos starten zu gleicher Zeit von einer Stadt A nach einer Stadt B bzw. von B nach A. Sie fahren mit konstanter Geschwindigkeit und treffen sich um 7.40 Uhr. Das in A gestartete Auto erreicht B um 11.00 Uhr, das in B gestartete erreicht A um 8.30 Uhr.
Wann starteten die Autos?
b) Die Gemeinden A und B und die Stadt C liegen in dieser Reihenfolge an einer Landstraße. Von B aus fährt ein Pferdefuhrwerk morgens um 6 Uhr mit einer Durchschnittsgeschwindigkeit von 10 $\frac{km}{h}$ nach C. Am gleichen Tag fährt von A aus ein Radfahrer um 7 Uhr mit einer Durchschnittsgeschwindigkeit von 15 $\frac{km}{h}$ nach C. Wie viele Kilometer sind B und C voneinander entfernt, wenn die Entfernung zwischen den Gemeinden A und B genau 5 km beträgt und der Radfahrer in C 20 Minuten früher ankommt als das Pferdefuhrwerk?
Zu welcher Uhrzeit und in welcher Entfernung von C überholt der Radfahrer das Pferdefuhrwerk?

30. Ein Schiff fährt in 4 Stunden 60 km donauaufwärts und legt denselben Weg bei gleicher Maschinenleistung donauabwärts in 3 Stunden zurück.
Welche Geschwindigkeit hätte das Schiff in stehendem Wasser, und wie groß ist die Geschwindigkeit des Wassers auf dieser Strecke?

31. Um einen Swimmingpool zu füllen, braucht man 2 Tage unter Verwendung des Rohres A, 3 Tage unter Verwendung des Rohres B, 4 Tage unter Verwendung des Rohres C und 6 Tage unter Verwendung des Rohres D.
In wieviel Tagen kann der Swimmingpool gefüllt werden, wenn alle vier Rohre gleichzeitig benutzt werden?

32. An einem Schachturnier nahmen zehn Schüler teil; jeder spielte genau einmal gegen jeden anderen. Keine zwei Spieler erzielten insgesamt die gleiche Punktzahl. Die Spieler auf den ersten beiden Plätzen haben keine Partie verloren. Die Summe ihrer Punktzahlen ist um 10 größer als die Punktzahl des Spielers auf dem dritten Platz. Der Spieler auf dem vierten Platz erzielte ebenso viele Punkte wie die letzten vier Spieler zusammen.

Aufgaben   **Klassenstufe 9**

Welche Punktzahlen erzielten die Spieler, die die Plätze 1 bis 6 einnahmen? (Für ein gewonnenes Spiel wurde 1 Punkt, für ein unentschiedenes Spiel $\frac{1}{2}$ Punkt vergeben.)

33. Drei historische Aufgaben, die in Mathematikolympiaden gestellt wurden:
a) Aus dem Indischen nach dem Mathematiker Bhaskara (1114): Die Blüte einer Lotosblume ragt 4 Fuß aus einem Teiche hervor. Vom Winde gepeitscht liegt sie schließlich 16 Fuß von ihrem früheren Standpunkt entfernt auf der Wasseroberfläche.
Wie tief ist der Teich?
b) Eine Aufgabe aus dem Jahre 1497:
Oben auf einem Baum, der 60 Ellen hoch ist, sitzt eine Maus, unten auf der Erde eine Katze. Die Maus klettert jeden Tag $\frac{1}{2}$ Elle herunter und in der Nacht $\frac{1}{6}$ Elle in die Höhe.

Die Katze klettert jeden Tag 1 Elle hinauf und in der Nacht $\frac{1}{4}$ Elle hinunter, solange, bis sich die Tiere in gleicher Höhe befinden.
Nach wieviel Tagen erreicht die Katze die Maus?
c) Der 1945 verstorbene polnische Mathematiker Stefan Banach war im Jahre x^2 gerade x Jahre alt.
Wann wurde er geboren?

34. Tesfaye: „Siehst du diese drei Personen da drüben? Das Produkt ihrer Lebensjahre ist 2450, und die Summe ihrer Lebensjahre ergibt genau zweimal dein Alter. Wie alt sind sie?"
Fassil: „Du hast mir keine ausreichende Auskunft gegeben."
Tesfaye: „Tut mir leid. Das Produkt der Lebensjahre der beiden Jüngeren ist das Doppelte des Alters des Ältesten. Der Altersunterschied der Jüngeren ist kleiner als acht Jahre."
Fassil: „Danke! Jetzt weiß ich Bescheid."
Weißt du auch Bescheid? Wie alt ist Fassil?

35. Vier Personen, von denen einer einen Diebstahl begangen hat, sind auf der Polizei angekommen und geben folgende Erklärungen ab:
Alain: Bernhard ist schuldig.
Bernhard: Daniel ist schuldig.
Charles: Ich bin unschuldig.
Daniel: Bernhard lügt, wenn er sagt, daß ich schuldig bin.
Nur eine einzige Erklärung ist wahr.
Wer ist des Diebstahls schuldig?
A) Alain   B) Bernhard   C) Charles   D) Daniel

Aufgaben   **Klassenstufe 9**

36. Albert, Bertram, Carol und Denise, deren Familiennamen in anderer Reihenfolge Edwards, Ford, Grant und Hawks lauten, gehen in die Klassen 3, 4, 5 und 6 ihrer Schule. Bei der letzten Prüfungsarbeit im Fach Englisch waren ihre Punktzahlen 55, 60, 65 und 70.
Bestimme aus den folgenden Angaben Klasse, Punktzahl, Vor- und Familiennamen von jedem der vier Schüler.
(1) Grant ist in einer höheren Klasse als Hawks.
(2) Die Jungen erhielten zusammen mehr Punkte als die Mädchen.
(3) Der Schüler bzw. die Schülerin aus der 3. Klasse hatte die höchste Punktzahl erreicht.
(4) Als Albert und Hawks ihre Punktzahlen mit der eines dritten dieser vier Schüler verglichen, erklärten sie: „Wenn jeder von uns seine Klassennummer mit seiner Punktzahl multipliziert, dann überschreiten wir beide die Zahl 260. Bei diesem dritten Schüler aber ist das Produkt gleich 260."
(5) Bei einem Schachturnier spielte Bertram gegen Edwards. Denise gewann gegen Hawks.

37. Ein gastronomisches Rätsel:
    Stellt der Koch auf jeden Tisch
    eine Portion leckren Fisch,
    so fehlt einer Portion Fisch
    ein Tisch.
    Stellt der Koch auf jeden Tisch
    zwei Portionen Fisch,
    so bleibt ein Tisch ohne Fisch.
    Wieviel Tische?
    Wieviel Fische?

38. Wenn von einer aus sieben Gliedern bestehenden offenen Kette das dritte Glied genau in der Mitte durchgezwickt wird, verbleiben zwei einzelne halbe Glieder, zwei zusammenhängende und nochmals vier zusammenhängende Glieder. Nun ist es möglich, ein Kettenglied (die beiden Hälften des geteilten Gliedes), zwei Kettenglieder, drei $\left(2 + \frac{1}{2} + \frac{1}{2}\right)$ oder vier oder fünf $\left(4 + \frac{1}{2} + \frac{1}{2}\right)$ oder sechs $(2+4)$ oder sieben (alle) Kettenglieder als Wägestücke zu benutzen.
Welche zwei Glieder einer aus 23 Gliedern bestehenden offenen Kette sind in der Mitte durchzuzwicken, damit 1 oder 2 oder 3 oder 4 oder ... 22 oder 23 Glieder dieser Kette als Wägestücke benutzt werden können?

39. Der ungarische Rechenkünstler Pataki berechnet das Produkt 95 · 97 auf folgende Weise:
(1) Er addiert die Faktoren   95 + 97 = 192

(2) Er streicht die erste Stelle der Summe   92

(3) Er bildet die Differenz aus 100 und dem einen Faktor und die Differenz aus 100 und dem anderen Faktor und multipliziert die Differenzen. Ergibt sich als Produkt eine einstellige Zahl, so schreibt er eine Null davor $3 \cdot 5 = 15$

(4) Er schreibt das Ergebnis von (3) hinter das Ergebnis von (2) und erhält   9 215

Untersuche, ob dieses Verfahren für alle Faktoren zwischen 90 und 100 gültig ist.

40. Beim Schulsportfest hatten sich Christian (C), Bernd (B), Alfred (A) und Dieter (D) für den Endlauf über 100 m qualifiziert. Auf Grund der Vorlaufzeiten rechnete man mit einem Einlauf ins Ziel in der Reihenfolge CBAD. Damit hatte man aber sowohl die Plätze sämtlicher einzelnen Läufer als auch die Paare aller direkt aufeinanderfolgenden Läufer falsch vermutet.
Der Sportlehrer erwartete die Reihenfolge ADBC. Tatsächlich kamen genau zwei Läufer auf den für sie erwarteten Plätzen ins Ziel.
In welcher Reihenfolge erreichten die Läufer das Ziel?

41. In der Messe eines Schiffes sitzen die Mitglieder der Besatzung und sprechen über ihr Alter.
Der Steuermann sagt: „Ich bin doppelt so alt wie der jüngste Matrose und sechs Jahre älter als der Maschinist."
Der erste Matrose sagt: „Ich bin vier Jahre älter als der 2. Matrose und ebensoviele Jahre älter als der jüngste Matrose wie ich jünger bin als der Maschinist."
Der 2. Matrose sagt: „Gestern habe ich meinen 20. Geburtstag gefeiert."
Die Besatzung besteht aus sechs Mitgliedern, das Durchschnittsalter beträgt genau 28 Jahre.
Wie alt ist der Kapitän?

42. Bei welchen konvexen Vielecken ist die Anzahl der Diagonalen eine Primzahl?

43. Um einen gegebenen Punkt P ist ein Quadrat ABCD so zu konstruieren, daß die Abstände von P zu den Eckpunkten A, B, C 1 cm, 2 cm bzw. 3 cm betragen.
Begründe die Konstruktion.

44. Einem Quadrat mit der Seitenlänge a = 35 cm wurde, wie aus der Zeichnung ersichtlich, der Buchstabe „W" einbeschrieben. Es ist die

Aufgaben   **Klassenstufe 9**

Länge x zu bestimmen für den Fall, daß der Flächeninhalt des Quadrates doppelt so groß wie der des Buchstaben „W" ist.

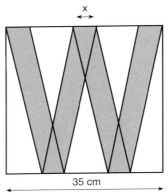

45. In der Figur ist ABCD ein Quadrat, M der Mittelpunkt von BC, AP ⊥ DM.
Es ist zu zeigen, daß

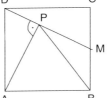

a) $\dfrac{\overline{DP}}{\overline{AP}} = \dfrac{1}{2}$,

b) $\dfrac{\overline{DP}}{\overline{PM}} = \dfrac{2}{3}$,

c) $\overline{AB} = \overline{BP}$.

46. Die Abbildung stellt drei kongruente Quadrate mit der Seitenlänge $a = 1$ cm dar. Die Länge der Strecke PQ beträgt $\dfrac{1}{2}$ cm.
Berechne den Radius r der kleinstmöglichen Kreisscheibe, welche die drei Quadrate vollständig bedeckt.

47. Ein Quadrat von 10 cm Seitenlänge soll in ein regelmäßiges Achteck verwandelt werden, indem man vier Ecken abschneidet.
Wo und wie müssen die Ecken abgeschnitten werden?

48. Im Parallelogramm ABCD wurden auf den parallelen Seiten AB, CD beliebig die inneren Punkte K und L gewählt; die Verbindungslinien AL, BL, KD, KC teilen das Parallelogramm in sieben Teile.
Beweise, daß für die Teilflächeninhalte folgende Beziehungen gelten:
$b + c = d + f$; $a + h = e$.

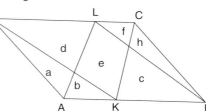

Aufgaben — Klassenstufe 9

49. Der Flächeninhalt eines Trapezes ABCD mit den parallelen Grundseiten AB und CD wird durch eine Strecke EF halbiert, die zu AB parallel ist.
Drücke die Länge dieser Strecke EF durch die Seitenlängen $a = \overline{AB}$ und $c = \overline{CD}$ aus.

50. Eine quadratische Mutter mit der Kantenlänge a soll mittels eines Schraubenschlüssels gedreht werden, dessen Querschnitt ein (unvollständiges) regelmäßiges Sechseck mit der Seitenlänge b ist.
Stelle fest, unter welchen Bedingungen für a und b das möglich ist.

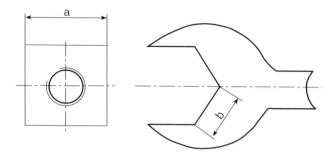

51. a) In der Figur ist DEFG ein Rechteck, und es gilt
$\overline{AD} : \overline{AB} = 1 : 3$.
Wie groß ist das Verhältnis des Flächeninhalts vom Rechteck zu dem des Dreiecks ABC?

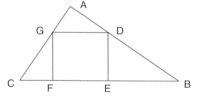

A) $\dfrac{1}{9}$ B) $\dfrac{1}{4}$ C) $\dfrac{1}{3}$
D) $\dfrac{4}{9}$ E) $\dfrac{5}{9}$

b) In ein Rechteck werden wie abgebildet drei einander berührende Viertelkreise eingezeichnet (Mittelpunkte in drei Eckpunkten des Rechtecks). Gib x als Bruch an.

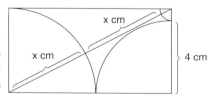

52. Ein Dreieck ABC sei so konstruiert, daß die Höhe CD und die Seite AB gleich lang sind.
Beweise: Der Umfang eines einbeschriebenen Rechtecks KLMN beträgt stets $2 \cdot \overline{AB}$.

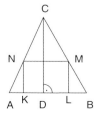

Aufgaben — Klassenstufe 9

53. In der Figur seien AA', BB' und CC' Senkrechte zu A'C', und der Schnittpunkt von AC' und A'C sei B.

a) Man zeige, daß $\dfrac{x}{y} = \dfrac{p}{q}$ ist.

b) Man zeige, daß $\dfrac{1}{z} = \dfrac{1}{x} + \dfrac{1}{y}$ gilt.

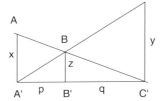

54. Gegeben sei das gleichseitige Dreieck ABV, $\overline{AB} = 8$ cm.
Konstruiere zunächst ein Rechteck ABCD, dessen Seite CD durch den Mittelpunkt K der Strecke AV geht. Konstruiere anschließend in der Halbebene mit der Randgeraden (CD) und dem inneren Punkt A das gleichseitige Dreieck CDU.
Berechne den Flächeninhalt derjenigen Teile des Rechtecks ABCD, die außerhalb der Dreiecke ABV und CDU liegen.

55. In dem Dreieck ABC, das bei A einen rechten Winkel hat, sei h die Länge der Höhe auf der Hypotenuse.

a) Man zeige, daß
$\dfrac{1}{h^2} = \dfrac{1}{c^2} + \dfrac{1}{b^2}$ gilt.

b) Man zeige, daß gilt
$a + h \geq b + c$.

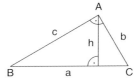

56. Es ist zu beweisen, daß das Produkt aus den Maßzahlen zweier Dreiecksseiten gleich dem Produkt aus den Maßzahlen der zur dritten Seite gehörigen Höhe und des Durchmessers des Umkreises ist.
Ferner ist die Konstruktion eines Dreiecks auszuführen und zu beschreiben, wenn zwei Seiten und der Durchmesser des Umkreises gegeben sind.

57. Zwei Ziegelsteine werden, wie in der Zeichnung angegeben, aufeinandergelegt.
Wie groß ist die Höhe von C über dem Boden, wenn der Abstand zwischen A und B 1,5 (LE) beträgt?

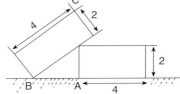

58. In einem konvexen, ungleichseitigen Viereck ABCD verbindet man die Seitenmittelpunkte miteinander zu einem Viereck EFGH.
Bestimme, welchen Flächeninhalt das Viereck ABCD im Vergleich zum Flächeninhalt des Vierecks EFGH einnimmt.

Aufgaben   Klassenstufe 9

59. Einem Rechteck ABCD ($\overline{AB} = 20$ cm, $\overline{BC} = 16$ cm) sind weitere Vierecke einbeschrieben, wobei E, F, G, H, I, K, L, M, die entsprechenden Seiten halbieren.
a) Berechne den Flächeninhalt des Vierecks ABLM.
b) Berechne den Umfang des Vierecks ABLM.

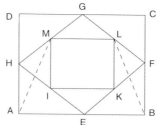

60. In dem abgebildeten Dreieck ABC haben die Seite AB, die Höhe CD, die Seitenhalbierende CE in dieser Reihenfolge die Längen 56 cm, 15 cm, 17 cm.
Es sind die Längen der Seiten AC und BC zu berechnen.

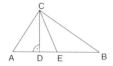

61. In einem rechtwinkligen Dreieck ABC ist die zur Hypotenuse AB senkrechte Höhe DC genau $\frac{2}{5}$ mal so lang wie die Hypotenuse AB. Für den Höhenfußpunkt D gilt $\overline{AD} < \overline{DB}$. In welchem Verhältnis $\overline{AD} : \overline{DB}$ teilt er die Hypotenuse?

62. Die Grundfläche einer Pyramide SABCD sei das Quadrat ABCD, dessen Seitenlänge gleich a ist. Die Kante BS stehe senkrecht auf der Grundflächenebene und habe die Länge 2a.
Gesucht wird der Umfang der Schnittfläche, die durch die Seite AD und den Mittelpunkt M von BS geht.

63. a) Gegeben sei ein beliebiger Quader, für dessen Kantenlängen a, b und c die Beziehung $a < b < c$ gilt.
Untersuche, ob es einen ebenen Schnitt durch diesen Quader derart gibt, daß die Schnittfläche ein Quadrat ist.

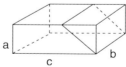

b) Es seien zwei Würfel mit ganzzahligen Kantenlängen gegeben. Die Kante des kleineren Würfels ist um 8 cm kürzer als die Kante des größeren Würfels. Das Volumen des größeren Würfels ist das Achtfache des Volumens des kleineren Würfels.
Berechne die Volumina der beiden Würfel.
c) Verbindet man bei einem Würfel die Mittelpunkte der Seitenflächen gradlinig miteinander, so erhält man die Kanten eines dem Würfel einbeschriebenen Oktaeders. Verfährt man in entsprechender Weise bei einem Oktaeder, so erhält man die Kanten eines Würfels.

Aufgaben   **Klassenstufe 9**

1) Wie verhalten sich die Volumina von Würfel und einbeschriebenem Oktaeder zueinander?
2) Wie verhalten sich die Volumina von Oktaeder und einbeschriebenem Würfel zueinander?
3) Wie verhalten sich im ersten Fall die Inhalte der Oberflächen zueinander?
4) Wie ist das Verhältnis der Inhalte der Oberflächen im zweiten Fall?

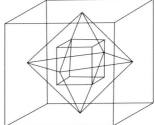

64. Wenn ein gegebenes rechtwinkliges Dreieck um eine Kathete rotiert, beträgt das Volumen des dabei entstehenden Kegels $800\,\pi$ cm³. Rotiert das Dreieck um die andere Kathete, entsteht ein Kegel mit einem Volumen von $1920\,\pi$ cm³.
Berechne die Länge der Hypotenuse des Dreiecks (in cm).

65. a) ABCD sei ein Quadrat mit der Seitenlänge 1 (LE), und die Seitenlänge des inneren Quadrates sei x.
Bestimme den Radius desjenigen Kreises, der zwei der Seiten von ABCD berührt und durch eine Ecke des inneren Quadrates geht.
b) Welches ist der Radius des größten Kreises, den man auf einem Schachbrett ziehen kann, wenn die Kreislinie nur durch weiße Felder verlaufen soll? Als Einheit nehmen wir die Seitenlänge eines Feldes.

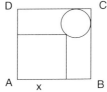

c) A, B und C seien drei Punkte auf einem Kreis mit dem Radius r, und $\overline{AB} = \overline{BC}$. D sei ein Punkt im Inneren des Kreises so, daß das Dreieck BCD gleichseitig ist. Die Gerade durch A und D schneidet den Kreis im Punkt E.
Weise nach, daß $\overline{DE} = r$ ist.
d) Zwei Kreise mit gleichem Radius r werden, wie nebenstehend dargestellt, in ein Rechteck gezeichnet. Gib die Seitenlängen des Rechtecks in Abhängigkeit von r an.
e) Die Längen der Katheten eines rechtwinkligen Dreiecks betragen 8 cm und 15 cm. Berechne den Radius des Inkreises dieses Dreiecks.

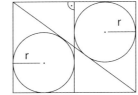

66. a) Welche Fläche ist größer, die Fläche der Rosette oder die Gesamtfläche der beiden Kreisabschnitte?

Aufgaben   Klassenstufe 9

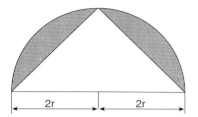
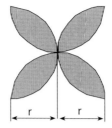

b) Einem Kreis k_1 mit dem Durchmesser $d_1 = 8$ cm sind drei kongruente Kreise k_2 wie im Bild einbeschrieben.
Es ist der Inhalt der schraffiert dargestellten Fläche zu berechnen.

c) Die Punkte A, B, C, D, E und F teilen den Kreis in sechs gleiche Teile. Wenn $\overline{AD} = 2$ ist, wie groß ist dann der Flächeninhalt des einbeschriebenen Kreises um M'?

b) 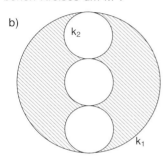   c)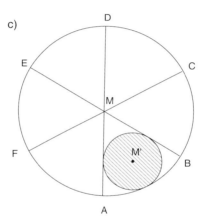

d) Über einer Strecke PQ wird aus zwei Kreisbögen PR und QR ein „Bogengang" (z. B. Querschnitt eines Gewölbes) konstruiert. Dabei hat der Bogen $\overset{\frown}{PR}$ den Mittelpunkt Q und der Bogen $\overset{\frown}{QR}$ den Mittelpunkt P.
Wenn die Länge von PQ 2 m beträgt, wie groß ist dann die Fläche unter dem Bogengang (in m²)?

A) $\dfrac{4\pi}{3}$ B) $\dfrac{4\pi}{3} - \sqrt{3}$

C) $\dfrac{4\pi}{3} + \sqrt{3}$ D) $\dfrac{\sqrt{3}\,\pi}{4}$

E) $\dfrac{4\pi}{3} - 2\sqrt{3}$

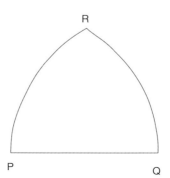

e) Zwei Kreise, deren Radien gleich r sind, berühren sich. Der Berührungspunkt dieser Kreise dient als Mittelpunkt eines neuen Kreises, der die gegebenen Kreise ebenfalls berührt. Es ist der Flächeninhalt desjenigen Kreissegments zu bestimmen, das vom großen Kreis durch die gemeinsame Tangente der kleinen Kreise abgetrennt wird.

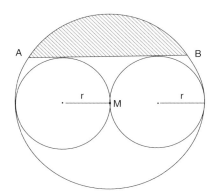

KLASSENSTUFE 10

66 Olympiadeaufgaben

Der echte Schüler lernt aus dem Bekannten
das Unbekannte entwickeln und nähert sich
dem Meister.
Johann Wolfgang von Goethe

Aufgaben   Klassenstufe 10

1. Man berechne

$$Z = \frac{1\frac{1}{2} \cdot 2\frac{2}{3} \cdot 3\frac{3}{4} \cdot \ldots \cdot 100\frac{100}{101}}{1 \cdot 2 \cdot 3 \cdot \ldots \cdot 100}$$

2. Ermittle eine 10-stellige natürliche Zahl, die durch 11 teilbar ist und die sich aus den Ziffern 0, 1, 2, 3, 4, 5, 6, 7, 8 und 9 zusammensetzt. Jede dieser Ziffern soll nur einmal auftreten.

3. Welche der beiden Zahlen 99^{20} und $9\,999^{10}$ ist die größere?

4. Bestimme die kleinste natürliche Zahl, die dergestalt ist, daß, wenn ihre erste (die linke) Ziffer an die letzte Stelle wechselt, die neue Zahl das $\frac{7}{2}$-fache der ursprünglichen Zahl beträgt.
(Es wird vorausgesetzt, daß die Zahl im Zehnersystem geschrieben ist.)

5. Wieviel natürliche Zahlen n haben die Eigenschaft, daß n + 3 Teiler von $n^2 + 7$ ist?
A) genau eine   B) genau zwei   C) genau drei   D) unendich viele

6. Zeige, daß für alle natürlichen Zahlen n ($n \geq 1$)
$E = 5^{2n}7^{2n}7 \cdot 11^{2n} + 5^{2n}7^{2n}11^{2n} \cdot 11 - 5^{2n}5 \cdot 7^{2n}11^{2n}$ durch 5 005 teilbar ist.

7. Welchen Wert hat $1 + \cfrac{1}{1 + \cfrac{1}{1 + \ldots}}$?

A) $\dfrac{3}{2}$ B) $\dfrac{1 + \sqrt{5}}{2}$ C) $\dfrac{1 + \sqrt{2}}{2}$ D) $\dfrac{\pi}{2}$

8. Zeige: Gilt $ad - bc = 1$, dann ist $a^2 + b^2 + c^2 + d^2 + ab + cd \neq 1$.

9. a) Beweise, daß die Zahl $2^{256} - 1$ keine Primzahl ist.
Gib mindestens drei Primfaktoren dieser Zahl an.
b) Man beweise, daß die Zahl $7^{2281} - 2$ keine Primzahl ist.

10.
$$\frac{1}{2} + \left(\frac{1}{3} + \frac{2}{3}\right) + \left(\frac{1}{4} + \frac{2}{4} + \frac{3}{4}\right) + \left(\frac{1}{5} + \frac{2}{5} + \frac{3}{5} + \frac{4}{5}\right) + \ldots$$
$$+ \left(\frac{1}{80} + \frac{2}{80} + \ldots + \frac{78}{80} + \frac{79}{80}\right) =$$

A) 1560   B) 1580   C) 3120   D) 3160.

Aufgaben — Klassenstufe 10

11. Von einer natürlichen Zahl x wird gefordert, daß sie die folgenden Bedingungen (1) bis (5) erfüllt:
(1) Die Zahl x hat, im Zweiersystem (Stellenwertsystem mit der Basis 2) geschrieben, genau zehn Stellen.
(2) Schreibt man x im Dreiersystem, so steht an der zweiten Stelle die Ziffer 1.
(3) Schreibt man x im Vierersystem, so steht an der zweiten Stelle die Ziffer 0.
(4) Die Zahl x hat, im Fünfersystem geschrieben, genau vier Stellen.
(5) Schreibt man x im Zehnersystem, so steht an der letzten Stelle die Ziffer 2.
Beweise, daß es genau eine natürliche Zahl x gibt, die diese Bedingungen erfüllt, und ermittle diese Zahl.

12. Es sei 1110100011000 die duale Darstellung von n. Ist die duale Darstellung von n − 1 gleich
A) 1110100010111   B) 1110100010010   C) 1110100010001
D) 11101000110011?

13. Finde eine natürliche Zahl n, für die die Dezimaldarstellung von 2^n und 5^n jeweils mit der gleichen Ziffer beginnt (links).

14. Beweise, daß die Summe der Kuben dreier aufeinanderfolgender natürlicher Zahlen stets durch 9 teilbar ist.

15. Die vier Zahlen 1, 2, 3, 4 sind aufeinanderfolgend.
Bilde das Produkt dieser Zahlen und addiere 1. Mache dasselbe mit den Zahlen 2, 3, 4, 5.
Prüfe deine Vermutung für andere vier aufeinanderfolgende Zahlen.

16. Der Wert von $\sqrt{3+\sqrt{8}} - \sqrt{3-\sqrt{8}}$ ist
A) 3   B) 4   C) 2   D) $2\sqrt{8}-2$ E) $\dfrac{3}{2}$.

17. Wenn $A = 20°$ und $B = 25°$ gilt, dann ist der Wert von
$(1 + \tan A) \cdot (1 + \tan B)$ gleich
A) $\sqrt{3}$ B) 2   C) $1+\sqrt{2}$ D) $2 \cdot (\tan A + \tan B)$
E) keiner dieser Werte.

18. a) In der Gleichung
$$\frac{1}{a} + \frac{1}{b} + \frac{1}{c} + \frac{1}{d} = 1$$

Aufgaben   **Klassenstufe 10**

seien a, b, c, d natürliche Zahlen, für die $0 < a < b < c < d$ gilt. Gib mindestens eine Lösung an.

b) Zeige, daß die Gleichung $ax^2 + bx + c = 0$ $(a \neq 0)$ die Lösung $x = 1$ besitzt, wenn $a + b + c = 0$ gilt.

c) Bestimme den Wert von $s = (9 + 4 \cdot \sqrt{5})^{\frac{1}{3}} + (9 - 4 \cdot \sqrt{5})^{\frac{1}{3}}$.

d) Gib alle Lösungen $(x; y)$ der Gleichung $2xy - 13x - 3y = 19$ mit $x, y \in \mathbb{N}$ $(\neq 0)$ an.

e) Löse die Gleichung $\left[2x + \dfrac{2}{3}\right] + 3x = 15\dfrac{1}{3}$, wobei $[a]$ die größte ganze Zahl bedeutet, die in a enthalten ist.

f) Löse die Gleichung $2^{4x+2} \cdot 2^{-x^2} - 5 \cdot 2^{-x^2+2x} + 1 = 0$.

g) Bestimme alle Paare $(x; y)$ der positiven ganzen Zahlen x und y, für die $\sqrt{x} + \sqrt{y} = \sqrt{50}$ ist.

h) Es sind alle reellen Lösungen der Gleichung
$$\sqrt{x + \sqrt{2x}} + \sqrt{x - \sqrt{2x}} = x$$
zu ermitteln

19. a) Bestimme x und y aus
  (I) $2^x \cdot 2^y = 2^{22}$
  (II) $x - y = 4$

b) Gegeben seien zwei Zahlen a und b.
Welche Bedingungen müssen diese Zahlen erfüllen, damit das Gleichungssystem reell lösbar ist?
  (I) $x_1 + x_2 = a$
  (II) $x_1 \cdot x_2 = b$

c) Löse das Gleichungssystem
  (I) $2^x \cdot 3^y + 2^z = 124$
  (II) $2^y \cdot 3^z + 2^x = 652$
  (III) $2^z \cdot 3^x + 2^y = 152$
für $x, y, z \in \mathbb{N}$.

d) Löse das Gleichungssystem
  (I) $yz = 3y + 2z - 8$
  (II) $zx = 4z + 3x - 8$
  (III) $xy = 2x + y - 1$.

e) Beweise, daß reelle Zahlen x, y, z genau dann das System der drei Ungleichungen
  (I) $x + y + z > 0$
  (II) $x \cdot y \cdot z > 0$
  (III) $xy + xz + yz > 0$
erfüllen, wenn x, y und z positiv sind.

Aufgaben — Klassenstufe 10

20. Eine quadratische Gleichung habe die Form $x^2 + px + q = 0$ mit $p \neq 0$, $q < 0$. Für die Differenz der Lösungen x_1, x_2 gelte $x_1 - x_2 = 4$. Gib alle Gleichungen dieses Typs an, deren Lösungen ganzzahlig sind und die gegebene Bedingung erfüllen.
(Hinweis: Bekanntlich gilt $x_1 \cdot x_2 = q$, $x_1 + x_2 = -p$).

21. a) Weise nach, daß für reelle Zahlen $a > 0$ und $b > 0$ stets
$$\frac{1}{a} + \frac{1}{b} \geq \frac{4}{a+b}$$ gilt.

Nutze diese Ungleichung zum Nachweis der Gültigkeit von
$$\frac{1}{501} + \frac{1}{502} + \ldots + \frac{1}{1000} > \frac{13}{20}.$$

b) Löse die Ungleichung $\left(\frac{2}{9}\right)^{x^2+x} \geq (20{,}25)^{2x-7}$.

c) Bestimme die Lösungsmenge der Ungleichung
$$\frac{3x}{2x-4} - 2 > \frac{5}{2x-4}$$

22. Anspruchsvolle Kryptarithmetik

a) MIX
 +FUN
 +AND
 ─────
 MATH

b) VOLVO
 +FIAT
 ─────
 MOTOR

c) TWO
 +THREE
 +SEVEN
 ─────
 TWELVE

d) ALORS
 +ALORS
 + NOUS
 + NOOS
 ─────
 LAVONS

e) BABCDE = 4 · ABCDE9

f) xxxxxxxx : xxx = xxxxx
 xxx
 ────
 xxxx
 xxx
 ────
 xxxx
 8xxx
 ────
 0

g) $\square^* + {*}^\square = (\square + {*}{*})^* = 100$

85

Aufgaben — Klassenstufe 10

23.
Wilhelm Busch gab ein Exempel
durch den braven Lehrer Lämpel.
Welcherart man soll sich plagen,
ließ er einstmals so ihn sagen:
„Nicht allein im Schreiben, Lesen
übt sich ein vernünftig Wesen,
sondern auch in Rechnungssachen
soll der Mensch sich Mühe machen."
Liest man dieses umgekehrt,
ist es sicher auch viel wert:
„Nicht allein in Rechnungssachen
soll der Mensch sich Mühe machen,
sondern ein vernünftig Wesen
soll auch manchmal etwas lesen."
Darum zögert bitte nicht,
lest zuerst mal dies Gedicht.
Erstens sei sogleich gesagt,
daß nach Zahlen wird gefragt.
Unter diesen sei'n vorhanden
zwei dreistellige Summanden.
Der Summe wir nun unterstellen
(da's möglich ist in vielen Fällen).
sie habe eine Stelle mehr.
Jetzt ist es sicher nicht sehr schwer
zu zählen, daß zehn Ziffern man
für diesen Fall gut brauchen kann:
Die Ziffern sei'n's von 0 bis 9,
die uns zu diesem Zweck erfreu'n.
Und jede Ziffer treffe man
in dieser Rechnung einmal an,
und zwar genau (wie man so sagt).

Damit auch später keiner fragt:
Die 0 würd' vorne sehr schlecht passen,
drum ist sie dort nicht zugelassen.
Genau ein Übertrag auch sei,
nicht etwa zweie oder drei.
(Ein Übertrag – das sei erklärt,
damit es jedermann erfährt –,
das ist ein Fall, der dann passiert,
wenn jemand Zahlen hat addiert
und ihre Summe, wie sich zeigt,
die 9 an Größe übersteigt.)

Nun, liebe Tochter, lieber Sohn,
was kann bei dieser Addition
man für Ergebnisse erwarten?
Jetzt dürft ihr mit dem Lösen starten.
Als Lösung seien angegeben
– zumindest soll man danach streben –
alle möglichen Endbeträge.
Dabei beweise man recht rege,
daß es, hält man die Regeln ein,
n u r d i e s e Summen können sein.
(Der Summanden vielfache Möglichkeiten
sollen uns keine Sorgen bereiten,
nach ihnen ist hier n i c h t gefragt.)
Nun frisch ans Werk und nicht verzagt!
Denn nicht alleine nur im Lesen
übt sich ein vernünftig Wesen . . .

24. Suche in den zehn Zahlen-, Buchstaben- und Bildreihen jeweils eine Gesetzmäßigkeit und füge – als Zeichen des Erkennens der Gesetzmäßigkeiten – jeweils noch eine(n) Zahl, Buchstaben bzw. Bild an.

Sequence Contest
Give the next therm in each sequence
  1. 1, 4, 10, 22, 46, . . .
  2. 1, −2, −6, 24, 120, . . .
  3. B, C, E, G, K, . . .
  4. 1, 2, 5, 14, 41, . . .

Aufgaben **Klassenstufe 10**

5. ♀, ↘, ⊸, ⇗, ♂, ...
6. 2, 3, 10, 15, 26, ...
7. AB, CE, FI, JN, OT, UA, BI, ...
8. AB, EC, IF, OJ, UN, AT, EB, ...
9. 1, 2, 4, 8, 15, 26, ...

25. Tittlyball ist ein Spiel für drei Spieler. In jeder Runde erhält der Gewinner a Punkte, der Zweite b Punkte und der Verlierer c Punkte, wobei a > b > c positive ganze Zahlen sind. Ein Spiel besteht aus mehreren Runden.
Xavier, Yvonne und Zachary spielen Tiddlyball, und der Endstand lautet: Xavier 20 Punkte, Yvonne 10 Punkte, Zachary 9 Punkte. Yvonne gewann die zweite Runde.
Wer gewann die erste Runde, und wieviel Punkte erzielte Zachary in der letzten Runde?

26. Zwei Spieler A und B spielen miteinander folgendes Spiel: Von einem Haufen mit genau 150 Hölzchen müssen beide jeweils nacheinander Hölzchen wegnehmen, und zwar jeweils mindestens ein, aber höchstens zehn Hölzchen, wobei A beginnt. Sieger ist derjenige, der das letzte Hölzchen fortnehmen kann.
Man entscheide, wer von beiden seinen Sieg erzwingen kann, und gebe an, auf welche Weise er mit Sicherheit zum Ziel gelangt.

27. Mario, Angelo und Lucas sind drei Jugendliche. Einer von ihnen wohnt in Lichinga, einer in Nampula, einer in Inhambene. Von ihnen ist folgendes bekannt:
(1) Angelo und der Jugendliche aus Nampula beschäftigen sich in ihrer Freizeit mit dem Lösen von mathematischen Aufgaben.
(2) Derjenige von ihnen, der in Nampula wohnt, kennt Lucas.
(3) Angelo ist der Freund des Jugendlichen, der in Lichinga wohnt.
Ermittle, in welcher Stadt die Jugendlichen jeweils wohnen.

28. Erhält Bob in einem 50-Meter-Rennen von Anita einen Vorsprung von maximal 4 Metern zugestanden, holt sie ihn trotzdem noch auf der Ziellinie ein. Gewährt dagegen Bob seiner Gegnerin Carol über 200 Meter einen Vorsprung von höchstens 15 Metern, hat Bob sie dennoch am Ende des Rennens eingeholt.
Die drei bewegen sich mit untereinander verschiedener, aber sonst gleichbleibender Geschwindigkeit fort.

Wie viele Meter Vorsprung muß Anita ihrer Mitläuferin Carol in einem 1000-Meter-Rennen zugestehen, damit beide gleichzeitig ins Ziel kommen?

29. Ein Mathematiker machte eine Wanderung. Zunächst ging er auf ebener Straße, dann eine Strecke bergauf bis er wieder umkehrte und auf gleichem Wege zurückging. Er wußte, daß er insgesamt 5 Std. unterwegs war und seine Geschwindigkeit auf ebener Straße $4\,\frac{km}{h}$, bergan $3\,\frac{km}{h}$ und bergab $6\,\frac{km}{h}$ betragen hatte. Nach Hause zurückgekehrt, setzte er sich an den Tisch und berechnete die Entfernung von seiner Wohnung bis zum Umkehrpunkt, indem er ein Gleichungssystem aufstellte, in dem diese Entfernung als Unbekannte x und die Länge der Gefällestrecke als y vorkommt. Finde x.

30. Über das Ergebnis eines 100-m-Laufs mit sechs Teilnehmern, von denen keine zwei die gleiche Zeit erreichten, wurden folgende Aussagen gemacht:
(1) A wurde nicht Zweiter, oder B wurde Erster.
(2) A wurde Zweiter, C wurde Vierter.
(3) A wurde Zweiter, und B wurde Dritter.
(4) C wurde Vierter, oder B wurde Fünfter.
Entscheide, ob es möglich ist, daß

a) alle vier Aussagen (1) bis (4),
b) genau drei dieser Aussagen,
c) genau zwei dieser Aussagen,
d) genau eine dieser Aussagen,
e) keine dieser Aussagen gleichzeitig wahr sind.

31. Von vier Personen hat jede genau einen der Vornamen Arnold, Bernhard, Conrad und Dietrich. Auch die Familiennamen dieser Personen lauten Arnold, Bernhard, Conrad und Dietrich.
Ferner wissen wir folgendes:
a) Bei keiner der vier Personen stimmt der Vorname mit dem Familiennamen überein.
b) Conrad hat nicht den Familiennamen Arnold.
c) Der Familienname von Bernhard stimmt mit dem Vornamen der Person überein, deren Familienname mit dem Vornamen der Person übereinstimmt, die den Familiennamen Dietrich hat.
Wie heißen die einzelnen Personen mit Vor- und Familiennamen?

32. In einem College mit 322 Studenten betreibt jeder Student mindestens eine Sportart:

152 spielen Tennis, 112 Hockey und 137 Fußball. Es gibt 23 Studenten, die Tennis und Hockey spielen, 19, die Hockey und Fußball spielen und 37, die Tennis und Fußball betreiben.
Wie viele Studenten üben alle drei Sportarten aus?

33. In vietnamesischer Sprache sieht die folgende Aufgabe so aus:

> Trăm trâu trăm cỏ
> Trâu cťúng ăn năm
> Trâun năm ăn ba
> Lụ khụ trâu giā
> Ba con một bó
> Có bao nhiéu trâu cťúng
>   trâu nám
>   traûu giā

Dieses Gedicht stellt eine sehr alte Aufgabe dar. Es wird bei den Reisbauern von Generation zu Generation weitergegeben; die alten Bauern stellen den jungen die Aufgabe:

Es gibt einhundert Büffel und einhundert Bündel Heu.
Jeder stehende Büffel frißt fünf Bündel.
Jeder liegende Büffel frißt drei Bündel.
Je drei alte Büffel fressen zusammen ein Bündel.
Wieviel stehende, liegende und alte Büffel sind es?

Hat die Aufgabe mehrere Lösungen?
(Wir wollen annehmen, daß es unter den 100 Büffeln genau drei Arten gibt, nämlich stehende, liegende und alte Büffel, und daß ein beliebiger dieser 100 Büffel nur zu genau einer dieser drei Arten gehören kann.)

34. Auf einer Party mit 21 Teilnehmern kennt jede Person höchstens vier andere.
Beweise, daß es auf der Party fünf Menschen gibt, die sich gegenseitig nicht kennen.

35. Auf dem Jahrmarkt liegen in einer Würfelbude 3 Würfel bereit; bei einem Wurf wird jeweils mit den drei Würfeln zugleich geworfen und die Augensumme ermittelt.
Wie groß sind jeweils die Wahrscheinlichkeiten, einen der Hauptgewinne (1, 2, 3, 18, 17, 16 Augen) zu erreichen? (Die Wahrscheinlichkeiten sind für jeden Fall einzeln anzugeben.)

36. Der strahlende Absolvent: Abebe, der gerade das Universitätsstudium abgeschlossen hatte, erhielt zwei günstige Stellenangebote, beide

zu $ 5000 im Jahr. Da er sich für keines der beiden entscheiden konnte, fragte er bei beiden Firmen nach den Gehaltserhöhungen in den nächsten fünf Jahren an. Firma A antwortete, daß sie alle sechs Monate eine Erhöhung von $ 600 gewährt. Firma B sagte, daß sie alle zwölf Monate eine Erhöhung von $ 1200 gewährt.
Zum Erstaunen seiner Familie nahm Abebe das Angebot der Firma A an. Warum?

37. Die Eltern K. sitzen mit ihren beiden Töchtern und den Eltern von Herrn K. zusammen. Es ist der Geburtstag der älteren Tochter Almut. Frau K. liebt Zahlenspielereien; sie sagt: „Wenn man für jeden von uns das Alter in vollen Jahren nimmt, sind wir alle zusammen 240 Jahre alt. Wir Eltern sind zusammen dreimal so alt wie die Kinder zusammen, und die Großeltern sind zusammen doppelt so alt wie wir Eltern. Wer weiß noch etwas?"
Almut verkündet stolz: „Alle außer Opa und mir sind zusammen doppelt so alt wie Opa allein."
Herr K. hatte angestrengt nachgedacht: „Opa war bei Almuts Geburt genau dreimal so alt wie Mama bei Almuts Geburt."
Wie alt ist Herr K.?

38. Eine Urne enthalte p weiße und q schwarze Kugeln. Neben der Urne gibt es einen Topf mit schwarzen Kugeln. Zwei Kugeln werden aus der Urne herausgenommen. Sind sie von gleicher Farbe, wird eine Kugel aus dem Topf in die Urne getan. Sind sie von verschiedener Farbe, wird die weiße Kugel in die Urne zurückgelegt. Dieses Verfahren wird wiederholt, bis das letzte Paar von Kugeln aus der Urne herausgenommen wurde und anschließend eine letzte Kugel hineingetan wurde.
Wie groß ist die Wahrscheinlichkeit, daß diese letzte Kugel weiß ist?

39. Sportler segeln mit ihrem Boot vom Startpunkt S aus zunächst 10 Seemeilen (sm) nach Norden, danach 18 sm in südöstlicher Richtung und schließlich 23 sm nach Süden. Dort machen sie das Boot fest (B).
a) Bestimme mit Hilfe einer maßstäblichen Zeichnung die Entfernung des Bootes vom Startpunkt.
b) Bestimme rechnerisch die Entfernung des Bootes vom Startpunkt.

40. Wie kann man auf kürzestem Weg von einem Punkt A zu einem auf der anderen Seite eines Flusses liegenden Punkt B gelangen, wenn der Fluß, dessen Uferlinien geradlinig und parallel zueinander verlaufen, senkrecht zu den Uferlinien überquert werden soll?
a) Man konstruiere mit Zirkel und Lineal den Streckenzug, auf dem der kürzeste Weg verläuft.

b) Man berechne die Länge dieses kürzesten Weges, wenn der Abstand des Punktes A von dem nächstgelegenen Flußufer a = 500 m, der Abstand des Punktes B von dem anderen Flußufer b = 300 m, die Flußbreite s = 200 m und der Abstand des Punktes B von der durch A gehenden Senkrechten zur Uferlinie c = 600 m betragen.

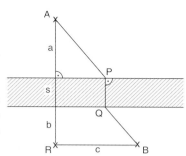

41. Vorhanden sind 13 Wägestücke, von denen jedes eine ganzzahlige Masse (in Gramm) hat. Es ist bekannt, daß man beliebige zwölf von ihnen auf die Schalen einer Waage legen kann, und zwar sechs auf jede Schale, und die Waage dabei stets im Gleichgewicht steht. Zeige, daß alle 13 Wägestücke dieselbe Masse haben.

42. Angenommen, die Ausdehnung einer Feder ist proportional zur Masse des angehängten Gegenstandes.
Nun sei eine Feder im Ruhezustand 20 cm lang; pro 100 g angehängter Masse dehnt sie sich um 3 cm aus.
Eine andere Feder sei im Ruhezustand 17 cm lang; pro 100 g Masse dehnt sie sich um 4,2 cm aus.
Gibt es eine Masse, für die die beiden Federn die gleiche Gesamtlänge L (in cm) haben?
(A) ja, mit L = 27,5   (B) ja, mit L = 30   (C) ja, mit L = 37
(D) ja, mit L = 40,4   (E) nein, eine solche Masse existiert nicht

43. Ein Quadrat der Seitenlänge 1 ist in vier flächeninhaltsgleiche Teile zerlegt. Bestimme den Wert von b.

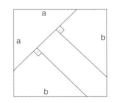

44. Ein Rechteck wurde in sechs Quadrate zerlegt, wie das Bild zeigt. Es ist bekannt, daß die Seitenlänge des schraffierten Quadrates gleich 1 ist.
Berechne die Seitenlängen der übrigen Quadrate.

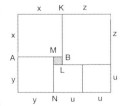

45. Punkt F sei innerer Punkt der Seite AD eines Quadrates ABCD. Die Senkrechte auf CF durch C schneide die über B hinaus verlängerte Strecke AB im Punkte E. Der Flächeninhalt des Quadrates ABCD betrage 256 Flächeneinheiten (FE), der des Dreiecks CEF 200 (FE). Für die Länge der Strecke BE gilt:

A) 12   B) 14   C) 15   D) 16   E) 20 Längeneinheiten.

46. Zeichne ein gleichseitiges Dreieck ABC und konstruiere über die Dreiecksseiten nach außen je ein Quadrat. Verbinde nun die äußeren Eckpunkte wie in der Figur.
Zeige, daß die neuen Dreiecke alle den gleichen Flächeninhalt haben wie das Dreieck ABC.

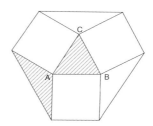

47. In einem Dreieck gelte $\sphericalangle ABC = 120°$, $\overline{AB} = 3$ und $\overline{BC} = 4$. Eine Gerade, zu AB senkrecht stehend und durch A verlaufend, schneidet eine Gerade, die senkrecht zu BC und durch den Punkt C verläuft, in dem Punkt D.
Die Länge der Strecke CD beträgt

A) 3   B) $\dfrac{8}{\sqrt{3}}$ C) 5   D) $\dfrac{11}{12}$ E) $\dfrac{10}{\sqrt{3}}$.

48. Die Seitenlängen eines Dreiecks bilden eine arithmetische Folge, deren Differenz d = 1 (LE) ist. Der Flächeninhalt dieses Dreiecks betrage A = 6 (FE).
Wie groß sind die Seiten und Winkel des Dreiecks?

49. Der kleinste Winkel eines Vielecks betrage 120°. Jeder weitere Winkel sei stets um 5° größer als der jeweils vorhergehende.
Wie viele Seiten besitzt das Vieleck?

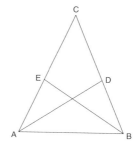

50. Angenommen, AD halbiert $\sphericalangle$ BAC, und $\overline{AD} = \overline{BE}$.
Kannst du beweisen, daß das Dreieck ABC dann gleichschenklig ist?
(Die Umkehrung hiervon ist wesentlich leichter zu beweisen.)

51. Über den Seiten eines beliebigen rechtwinkligen Dreiecks ABC mit dem rechten Winkel bei C werden gleichschenklig-rechtwinklige Dreiecke errichtet, über den Katheten nach außen, über der Hypotenuse nach innen.

Beweise, daß die Spitzen dieser Dreiecke und der Punkt C auf ein und derselben Geraden liegen.

52. ABC sei ein rechtwinkliges Dreieck und M der Mittelpunkt der Hypotenuse BC.
Weise nach, daß $\overline{AM}^2 = \frac{1}{2}\left(\overline{AB}^2 + \overline{AC}^2 - \frac{1}{2}\overline{BC}^2\right)$.

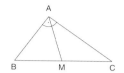

53. Es ist zu beweisen, daß in einem gleichschenkligen Dreieck die Summe der Abstände eines Punktes der Basis von den Schenkeln für alle diese Punkte konstant ist.

54. Ein Trapez habe den Flächeninhalt 2 m², seine Diagonalen seien zusammen 4 m lang.
Man bestimme die Höhe dieses Trapezes.

55. Bei einem Trapez seien drei Seiten gleich lang; die vierte Seite habe die doppelte Länge.
Unter welchem Winkel schneiden sich die Diagonalen?

56. In der Zeichnung sind zwei Geraden g und h, ein Punkt A auf h und ein Kreis k eingetragen.
Untersuche, ob es einen Rhombus ABCD gibt, der außer der gegebenen Ecke A seine Ecke B auf g, die Ecke C auf h und die Ecke D auf k hat.
Untersuche, ob es mehr als einen Rhombus mit diesen Eigenschaften gibt. Wenn dies der Fall ist, sind dann alle derartigen Rhomben zueinander kongruent?
(Der Lösungstext soll sich auf genau diejenige gegenseitige Lage der gegebenen g, h, k und A beziehen, die aus der Zeichnung ersichtlich ist.)

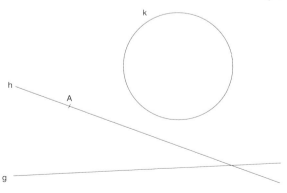

Aufgaben — Klassenstufe 10

57. Einem Kreis mit dem Radius r sei ein gleichschenkliges Dreieck umbeschrieben, das einen Winkel von 120° hat.
Drücke die Seitenlängen des Dreiecks durch r aus.

58. Zwei Kreise mit gleichem Radius r sollen so zum Schnitt gebracht werden, daß das Dreieck mit ihren Mittelpunkten und einem ihrer Schnittpunkte als Ecken maximalen Flächeninhalt hat. Bestimme den Abstand der Kreismittelpunkte voneinander.

59. Die abgebildete Figur stellt ein Quadrat ABCD dar. Über den Seiten AB und BC wurden Halbkreise konstruiert.
Es ist zu berechnen, wieviel Prozent des Flächeninhalts vom Quadrat ABCD der Flächeninhalt des Kreisbogenzweiecks (schwarz gerastert) beträgt.

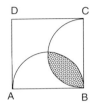

60. Es seien zwei Punkte P und Q innerhalb eines Kreises k gegeben. Konstruiere ein dem Kreis einbeschriebenes rechtwinkliges Dreieck, dessen eine Kathete durch P und dessen andere Kathete durch Q geht.
Bei welcher Lage von P und Q ist diese Aufgabe nicht lösbar?

61. Von welcher Mehrfachkreislinie, dargestellt in der Zeichnung, ist die Summe der Längen größer – der oberen oder der unteren?

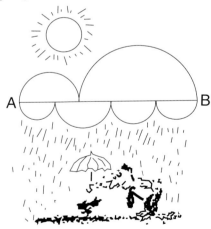

62. a) Das Volumen eines Quaders betrage 8 cm³, sein Oberflächeninhalt 32 cm², und seine Kantenlängen bilden eine geometrische Folge. Die Summe der Kantenlängen dieses Quaders (in cm) ist gleich
A) 28   B) 32   C) 36   D) 40   E) 44.

Aufgaben   Klassenstufe 10

b) Die Figur zeigt das Bild A'B'C'D'E'F'G'H' eines Quaders ABCDEFGH bei einer schrägen Parallelprojektion.
Konstruiere das Bild S' des Schnittpunktes S der Strecke EC mit der Ebene, die durch A, F und H geht. Beschreibe deine Konstruktion und beweise, daß der nach deiner Beschreibung konstruierte Punkt S' das Bild des genannten Punktes S ist.

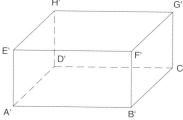

63. a) Ein Holzwürfel habe Kanten von je 3 m Länge. Man sägt nun drei Tunnel mit quadratischem Querschnitt (je 1 m Kantenlänge) heraus, und zwar stets in der Mitte der Seitenflächen und parallel zu den Würfelkanten.

Wie groß ist die gesamte Oberfläche einschließlich der Löcher (in m²)?
A) 54   B) 72   C) 76   D) 84   E) 86

b) Im dargestellen Würfel mit der Kantenlänge 1 (LE) sind M und N die Mittelpunkte zweier benachbarter Kanten.
Wie groß ist das Volumen der Pyramide mit den Eckpunkten M, N, X und Y (in VE)?

A) $\dfrac{1}{8}$ B) $\dfrac{1}{12}$ C) $\dfrac{1}{18}$

D) $\dfrac{1}{24}$ E) $\dfrac{1}{48}$

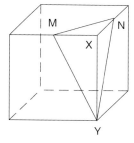

64. Es sei ABCDEFGH ein Würfel mit der Kantenlänge a.
M_1 sei der Mittelpunkt der Deckfläche und M_2 der der Grundfläche des Würfels.
Die Menge aller inneren und Randpunkte der quadratischen Pyramide $ABCDM_1$ werde mit P_1 und die Menge aller inneren und Randpunkte der quadratischen Pyramide $EFGHM_2$ mit P_2 bezeichnet. Man berechne

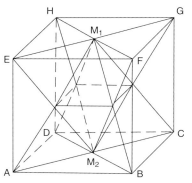

Aufgaben   **Klassenstufe 10**

a) das Volumen des geometrischen Körpers, der aus allen Punkten der Durchschnittsmenge $P_1 \cap P_2$ besteht
b) das Volumen des geometrischen Körpers, der aus allen Punkten der Vereinigungsmenge $P_1 \cup P_2$ besteht.
c) Wie verhalten sich die Volumina dieser beiden Körper zueinander?

65. Um die Endpunkte A, B einer Strecke der Länge a werden Kreisbögen mit dem Radius a gezeichnet, die sich in D schneiden. Der Mittelpunkt von AB sei E, der von AE sei F, der von EB G. Um F und G werden jeweils mit dem Radius $\dfrac{a}{4}$ Halbkreise gezeichnet (siehe Bild).
M sei der Mittelpunkt des Kreises, der die Kreisbögen um A und B von innen und jeden der Halbkreise um F und G von außen berührt. Man berechne die Länge der Strecke ME.

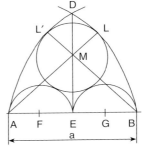

66. Gegeben sei das rechtwinklige Dreieck ABC.
Über den Katheten a und b werden rechtwinklig-gleichschenklige Dreiecke gezeichnet ($\triangle ACD$ und $\triangle CBF$), ebenso über der Hypotenuse c (jetzt „in" das gegebene Dreieck; $\triangle ABE$). (Die Punkte D, C, E, F liegen dann auf einer Geraden, vergleiche Aufgabe 51.)
Um die Punkte D, E und F werden Kreisbögen gezeichnet (siehe Abb.).
Vergleiche den Inhalt der schraffierten „Sichelfläche" mit dem des Dreiecks ABC.

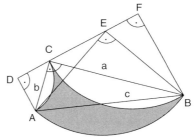

Lösungen zu

KLASSENSTUFE 5

66 Olympiadeaufgaben

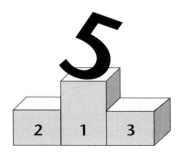

Lösungen   **Klassenstufe 5**

1. Wegen $20 : 2 = 10$ und $10 \cdot 10 = 100 > 98$ sind nur die geraden natürlichen Zahlen 12, 14, 16, 18 zu untersuchen.
Nur für 18 gilt $9 \cdot 9 = 81$.
Erik hat sich die Zahl 18 gedacht.

2. Die einstellige Zahl kann wegen $9 \cdot 9 = 81$ nur 9 lauten, somit gilt $12345679 \cdot 9 = 111111111$.

3. a) $4 \cdot 12 + 18 : (6 + 3) = 50$.
    b) $4 \cdot (12 + 18) : 6 + 3 = 23$.
    c) $4 \cdot (12 + 18 : 6 + 3) = 72$.

4. a) Aus 528 folgt $5 + 2 + 8 = 15$, daraus $1 + 5 = 6$.
    b) Aus 808 folgt $8 + 0 + 8 = 16$, daraus $1 + 6 = 7$.
    c) Aus 55 folgt $5 + 5 = 10$, daraus $1 + 0 = 1$.
    d) Aus 1111111111 folgt $1 + 1 + 1 + 1 + 1 + 1 + 1 + 1 + 1 + 1 = 10$; daraus $1 + 0 = 1$.
    e) nein

5. Die letzte Ziffer der kleineren Zahl muß 8 sein. Dann ist 8 aber auch die mittlere Ziffer der größeren Zahl. Aus der angegebenen Summe erkennt man nun leicht, daß die beiden Summanden 88 und 880 lauten müssen.

6. An den Einerstellen (5, 15, 25, ..., 95) sind 10 Ziffern 5, an den Zehnerstellen (50, 51, ..., 59) sind weitere 10 Ziffern 5 enthalten, also zusammen 20 Ziffern 5.

7. Es gilt A, denn $4^2 = 16$ und $4^3 = 64$.

8. Von den Zahlen 10, 20, 30, 40, 50, 60, 70, 80, 90 sind nur die Zahlen 30, 60 und 90 durch 3 teilbar.

9. Von den Zahlen 94, 85, 76 erfüllt nur $85 - 58 = 27$ die gestellte Bedingung.

10. Das magische Quadrat lautet:

13	12	14
11	9	19
15	18	6

Lösungen Klassenstufe 5

11. Die Zeichnung zeigt, daß E richtig ist.

12. Es gilt:

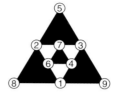

13. Es gilt: $\boxed{56} : \boxed{8} = \boxed{9} - \boxed{2} = \boxed{3} + \boxed{4} = \boxed{1} \cdot \boxed{7}$

14. Das Gleichungssystem lautet:

$$\boxed{800} - \boxed{74} = \boxed{726}$$
$$: \quad\quad + \quad\quad -$$
$$\boxed{32} \cdot \boxed{19} = \boxed{608}$$
$$\overline{\boxed{25} + \boxed{93} = \boxed{118}}$$

15. a) Es sind $36 = 1 \cdot 36 = 2 \cdot 18 = 3 \cdot 12 = 4 \cdot 9 = 6 \cdot 6$ alle möglichen Faktorzerlegungen.
Die Maximalsumme ist deshalb $1 + 36 = 37$.
b) Aus $2x + 1 = 8$ folgt $4x + 2 = 16$, $4x + 1 = 15$.

16. a) Die letzte Ziffer des zweiten Summanden ist 1. Dann ist die vorletzte Ziffer des ersten Summanden gleich 7. Die zweite Ziffer des zweiten Summanden ist dann 6 und die erste Ziffer des ersten Summanden 4. Die fehlende Ziffer in der Summe ist 1.
b) Das Produkt einer einstelligen Zahl mit 63 ist nur dann zweistellig, wenn es sich um eine 1 handelt. Daher ist der zweite Faktor gleich 11.
c) Eine dreistellige Zahl kann bei einem Produkt aus 785 nur mit der 1 entstehen, und eine vierstellige Zahl, deren erste Ziffer eine 1 ist, ergibt sich nur bei 2.
Folglich ist der zweite Faktor gleich 121.

$$\begin{array}{r} 785 \cdot 121 \\ \hline 785 \\ 1570 \\ 785 \\ \hline 94985 \end{array}$$

Lösungen — Klassenstufe 5

d) Es gilt $90 = 30 + 60$; $60 + 90 = 30 + 30 + 30 + 30 + 30$; $120 = 90 + 30$.

17. Uwe habe sich die Zahl x gemerkt, und n sei das berechnete Endergebnis; dann gilt

$[(x \cdot 5 + 2) \cdot 4 + 3] \cdot 5 = n;$
$100x + 55 = n.$

Die gemerkte Zahl erhält man, wenn man die letzten beiden Ziffern (55) im errechneten Ergebnis wegläßt. Beispiel: $n = 1755$; $x = 17$.

18. Das magische Quadrat lautet:

110	60	70
40	80	120
90	100	50

19. Die Gleichung lautet: $1 + 9 - 9 + 1 = 1 + 6 - 6 + 1$.

20. Wegen $2 + 3 + 4 = 9$ ist das Fragezeichen durch die Ziffer 0 zu ersetzen, denn $2 + 4 + 0 = 6$.

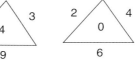

21. Durch Probieren erhält man $1234 + 5432 = 6666$.

22. Aus der Aufgabenstellung folgt:

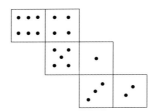

23. Man überlegt sich, wo sich beim „Rollen" die Seite des Quadrates befindet, auf der das Dreieck steht.
A ist die richtige Antwort.

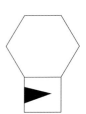

24. Der Umfang der schraffierten Fläche setzt sich aus zehn Quadratseiten zusammen; jede Quadratseite ist somit $50 \text{ cm} : 10 = 5 \text{ cm}$ lang. Der Flächeninhalt beträgt folglich $4 \cdot 25 \text{ cm}^2 = 100 \text{ cm}^2$.

Lösungen　　　　　　　　　Klassenstufe 5

25. x sei die Breite des Rechtecks (in m). Aus $20 \cdot x = 900$ folgt $x = 45$. Die Länge des Rechtecks beträgt damit $y = \left(\dfrac{234}{2} - 45\right)\text{m} = 72\text{ m}$.
Also erhält man für den Flächeninhalt $A = 45 \cdot 72\text{ m}^2 = 3240\text{ m}^2$.

26. Es ist M = {∢EOD, ∢EOC, ∢EOB, ∢EOA, ∢DOC, ∢DOB, ∢DOA, ∢COB, ∢COA, ∢BOA}. Also treten insgesamt 10 spitze Winkel auf.

27. Es sind die Strecken AB, BC, BD, DC, AC, AE, EC, BE, BO, AD, AO, OD.
Insgesamt sind es 12 Strecken.

28. Das Dreieck rechts oben ist als einziges nicht gleichschenklig. Die richtige Antwort ist D.

29. Das Viereck ist zerlegbar in zwei Dreiecke mit der Grundseite von je 4 Einheiten und den Höhen 2 Einheiten bzw. 1 Einheit. Für die Fläche gilt somit $\dfrac{4 \cdot 2}{2} + \dfrac{4 \cdot 1}{2} = 6$ (Quadrateinheiten).

30. Der Umfang des Dreiecks beträgt $(6{,}2 + 8{,}3 + 9{,}5)\text{ cm} = 24\text{ cm}$. Da der Umfang des Quadrates auch 24 cm betragen soll, ist jede Seite 6 cm lang. Der Flächeninhalt des Quadrates beträgt damit 36 cm².

31. a) Es sind 13 Dreiecke.
b) Es trifft E zu, denn $16 + 7 + 3 + 1 = 27$.
c) Es sind 18 Quadrate.

32. In jeder Zeile ist die Anzahl der schwarzen Quadrate um eins größer als die Anzahl der weißen Quadrate.
Da es genau 8 Zeilen sind, ist B richtig.

33. Das Netz C trifft zu.

34. Die Netze B und D sind Würfelnetze.

35. Wegen $5\text{ kg} - 4\text{ kg} = 1\text{ kg}$ wiegt die Ente 1 kg mehr als das Kaninchen. Folglich wiegt das Kaninchen 1 kg, die Ente 2 kg und somit die Kiste 3 kg.

36. Der Abstand zwischen den Flugkörpern verringert sich pro Stunde um 3000 km, pro Minute also um 50 km. Damit ist die Antwort E richtig.

37. In je 2 Stunden klettert die Raupe 10 cm − 4 cm = 6 cm hoch, d. h. in 10 Stunden ist sie 5 · 6 cm = 30 cm hochgeklettert, und in der 11. Stunde klettert sie noch einmal 10 cm höher.
Insgesamt ist sie dann 40 cm hochgeklettert.

38.

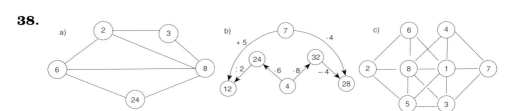

39. Da Olga die Farbe Rot nicht liebt und auch kein grünes Band will, liebt Olga die Farbe Blau. Da sie die Farbe Blau liebt und Mascha kein rotes Band will, liebt Mascha die Farbe Grün. Somit liebt Tanja die Farbe Rot.

40. Entnimmt man dem Beutel 6 Kugeln, so hat man im ungünstigsten Fall 2 weiße, 2 schwarze und 2 rote Kugeln erhalten. Entnimmt man 7 Kugeln, so hat man mit Sicherheit 3 Kugeln von gleicher Farbe erhalten.

41. Es seien a, d, h, m, v, z die Zahlen für die Körpergrößen der Mädchen Alena, Dana, Hanna, Mila, Vera, Zdena. Aus a) folgt m < a. Aus b) folgt v < m < a oder a < m < v. Wegen m < a ist nur der erste Fall möglich, nämlich v < m < a. Aus c) folgt weiter v < h < z < m < a < d.
Dana ist das größte Mädchen; ihr folgen mit abnehmender Körpergröße Alena, Mila, Zdena, Hanna, Vera.

42. Das Gesamtgewicht der zehn Kinder beträgt
6 · 150 + 4 · 120 = 1380 Pfund. Durchschnittlich wiegt also jedes der zehn Kinder 138 Pfund.

43. Insgesamt sind 90 Fahrgäste in den Abteilen. Wären in jedem Abteil gleich viele Personen, dann wären es je 30 Personen. Wegen 42 − 12 = 30 waren ursprünglich im ersten Abteil 42 Personen. Wegen 27 + 12 − 9 = 30 waren ursprünglich im zweiten Abteil 27 Personen. Wegen 21 + 9 = 30 waren ursprünglich im dritten Abteil 21 Personen.

44. a) Vom Schüler Lutz Schulz können wir mit absoluter Sicherheit Vor- und Zunamen angeben.
b) Es gibt vier Schüler, die mit Vornamen Lutz, aber nur drei Schüler, die mit Zunamen nicht Schulz heißen.

Lösungen　　　　　　　Klassenstufe 5

45. Der 7., 14., . . ., 56. Tag nach ihrem Geburtstag ist wieder ein Donnerstag, da die Woche 7 Tage hat. Der 60. Tag fällt dann auf einen Montag, wie man durch Weiterzählen prüft.

46. Es gilt B; denn $7 \cdot 28\,p + 4\,p = 200\,p = £\,2$.

47. Wenn Jane nicht recht hat, dann gibt es eine Karte, die auf einer Seite einen Vokal und auf der anderen Seite eine ungerade Zahl hat. Diese Karte kann also weder einen Konsonanten auf der einen noch eine gerade Zahl auf der anderen Seite haben. Daher kann Mary nur die „3" umgedreht haben.

48. Es gibt $1200 : 30 = 40$ Klassen. Jede Klasse hat täglich 5 Stunden, also sind insgesamt $40 \cdot 5 = 200$ Stunden.
Jeder Lehrer unterrichtet täglich 4 Stunden, also sind es $200 : 4 = 50$ Lehrer.

49.

Anzahl der	20-S-Noten	50-S-Noten	Gesamtbetrag
	1	8	20 + 400 = 420
	2	7	40 + 350 = 390
	3	6	60 + 300 = 360
	4	5	80 + 250 = 330
	5	4	100 + 200 = 300
	6	3	120 + 150 = 270
	7	2	140 + 100 = 240
	8	1	160 + 50 = 210

Zum Bezahlen eines Geldbetrages von 300 S sind fünf 20-S-Noten und vier 50-S-Noten zu verwenden.

50. Das jüngste Kind (Sohn) muß drei Jahre alt sein, denn $73 - 58 = 4 + 4 + 3$.
Also ist die Tochter 6, die Mutter 31 und der Vater 33 Jahre alt.

51. In der Familie gibt es zwei Brüder, zwei Schwestern, einen Vater und eine Mutter, also 6 Personen.

52. Es ist $4 + 3 = 7$; $7 \cdot 2 = 14$; $14 + 3 = 17$; $17 \cdot 2 = 34$; $34 + 3 = 37$; $37 \cdot 2 = 74$.
Es waren also 74 Pralinen.

53. Wenn Harold eine Strecke der Länge s mitfährt, dann fährt John eine Strecke der Länge 2 s. Für 3 s werden £ 3 bezahlt, also muß Harold £ 1 zahlen.

54. Aus dem Vergleich der Reihen I und III folgt: 1 großer Topf entspricht 1 mittleren Topf und 3 kleinen Töpfen. Daraus folgt weiter: 2 großen Töpfen entsprechen 2 mittlere und 6 kleine Töpfe. Aus dem Vergleich mit Reihe III folgt: 6 mittlere und 6 kleine Töpfe haben zusammen ein Fassungsvermögen von 24 Litern, also 1 kleiner und ein mittlerer Topf zusammen ein Fassungsvermögen von 4 Litern.
Das Fassungsvermögen beträgt deshalb für einen kleinen Topf 1 Liter, für einen mittleren Topf 3 Liter, für einen großen Topf 6 Liter.

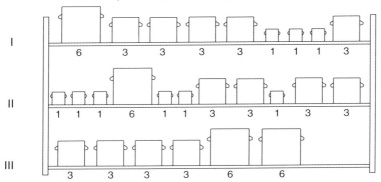

55. Das Mädchen mit der roten Bluse heißt nicht Grit; deshalb trägt Grit eine blaue Bluse. Daraus folgt weiter, daß Regina eine gelbe und Beate eine rote Bluse tragen.

56. Wären alle Tiere von Holger Kaninchen, so hätten diese 24 · 4 = 96 Beine. Nun gilt 96 − 62 = 34 und 34 : 2 = 17.
Holger besitzt also 17 Tauben und 7 Kaninchen.

57. Aus dem dritten Satz der Aufgabe folgt, daß Renate nicht Siegerin wurde. Aus dem vierten Satz folgt, daß weder Ute noch Renate den dritten Platz (Bronzemedaille) belegte.
Also muß Renate den zweiten Platz belegt haben, Ute wurde Siegerin und Petra Dritte.

58. Wir rechnen 14 + 19 − 9 = 24; 27 − 24 = 3.
Drei Schüler können weder radfahren noch schwimmen.

59. Das ist nur möglich, wenn der Großvater des Jungen der Vater seiner Mutter ist.

Lösungen Klassenstufe 5

60. Als Annah 7 Jahre alt war, war Boitumelo 7 + 3 = 10 Jahre, Chazda 5 Jahre alt. Folglich war Boitumelo 10 + 2 = 12 Jahre alt, als Chazda 5 + 2 = 7 Jahre alt war.

61. Führt man beim ersten Schloß ohne Erfolg zwei Schlüsselproben durch, so paßt der dritte Schlüssel zum Schloß. Bei den übrigen zwei Schlössern genügt eine weitere Probe.
Insgesamt sind also drei Schlüsselproben durchzuführen, um mit Sicherheit die passenden Schlüssel zu ermitteln.

62. Durch Umlegen eines Hölzchens erhält man $\boxed{IX - V = IV.}$

63. Angenommen, die Anzahl der von Ali gesammelten Guaven sei a, die der von Mahmud sei m, dann gilt:
$$a + m = 64$$
$$m = a + 1 + 7.$$
Also $a + a + 8 = 64$
$a = 28$ und $m = 28 + 1 + 7$
$m = 36.$
Ali sammelte 28 und Mahmud 36 Guaven.

64. Es gilt $a + b = 6$ cm, $a - b = 3$ cm.
Addition der beiden Strecken $(a + b) + (a - b) = (6 + 3)$ cm = 9 cm;
$2a = 9$ cm; $a = 4,5$ cm; $b = 6$ cm $- a = 1,5$ cm.

65. Die achtstellige Zahl lautet 23 421 314.

66. Man kann die zu ermittelnde(n) Zahl(en) dadurch erhalten, daß man, ausgehend vom Resultat 7, mit den angegebenen Zahlen jeweils die entgegengesetzten Rechenoperationen durchführt:
Man addiert also zu der Ausgangszahl 7 zunächst 15 und erhält 22. 22 dividiert man nun durch 11 und erhält 2. Jetzt wird die Zahl 2 mit 100 multipliziert, man erhält 200. Schließlich wird noch 107 von 200 subtrahiert. Das ergibt die Zahl 93, und diese Zahl ist die in der Aufgabe erwähnte „gewählte Zahl", wie eine Probe bestätigt. Da die vorgenommenen Rechenoperationen durchweg eindeutige Resultate liefern, ist 93 zugleich die einzige Zahl, die den Bedingungen der Aufgabe entspricht.

Ein zweiter Lösungsweg wäre:
Eine natürliche Zahl a erfüllt genau dann die Bedingungen der Aufgabe, wenn sie der Gleichung
$$\frac{a + 107}{100} \cdot 11 - 15 = 7$$
genügt. Einzige Lösung der Gleichung ist
$$a = \frac{7 + 15}{11} \cdot 100 - 107 = 93.$$

Lösungen zu

KLASSENSTUFE 6

66 Olympiadeaufgaben

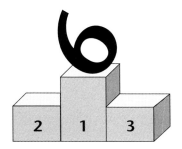

Lösungen — Klassenstufe 6

1. Es gilt $41^2 + 43^2 + 45^2 = 5555$.

2. Durch $1 \cdot 11 \cdot 13 \cdot 17 = 2431$ ist der Weg für Bello eindeutig festgelegt.

3. Es gilt $(3 + 6 + \ldots + 24 + 27) : 3 = 1 + 2 + 3 + \ldots + 8 + 9 = 45$; die Summen sind gleich 45. Es sind mehrere Lösungen möglich, von denen eine angegeben ist.

6	27	12
21	15	9
18	3	24

4. Aus $\dfrac{4}{13} < \dfrac{x}{20} < \dfrac{5}{13}$ folgt $\dfrac{80}{260} < \dfrac{13 \cdot x}{260} < \dfrac{100}{260}$, also $x = 7$.

Es gibt einen solchen Bruch; er lautet $\dfrac{7}{20}$.

5. Es gilt A, denn $\dfrac{6 \cdot 7 \cdot 8 \cdot 9 \cdot 10}{5 \cdot 6 \cdot 7 \cdot 8 \cdot 9} = \dfrac{10}{5} = 2$.

6. Aus der Aufgabenstellung folgt $700 \leq 44 \cdot k \leq 799$ für natürliche Zahlen k. Deshalb gilt $16 \leq k \leq 18$, also $k = 16$ oder $k = 17$ oder $k = 18$. Es existieren drei solche Zahlen; sie lauten:
$z_1 = 16 \cdot 44 = 704$, $\quad z_2 = 17 \cdot 44 = 748$, $\quad z_3 = 18 \cdot 44 = 792$.

7. Die Zahl 12 hat die sechs Teiler 1, 2, 3, 4, 6, 12.

8. Wegen $\dfrac{200}{40\,000} = \dfrac{1}{200}$ gilt D.

9. Da das Verhältnis $2:3$ ist, sind $\tfrac{2}{5}$ der Schüler Jungen und $\tfrac{3}{5}$ der Schüler Mädchen. Daher gibt es $\tfrac{1}{5}$ mehr Mädchen als Jungen, und dies sind $\tfrac{1}{5} \cdot 30 = 6$, also ist D richtig.

10. a) $\dfrac{1}{7} + \dfrac{1}{14} + \dfrac{1}{42} = \dfrac{6 + 3 + 1}{42} = \dfrac{10}{42} = \dfrac{5}{21}$

b) $\dfrac{1}{24} + \dfrac{1}{58} + \dfrac{1}{174} + \dfrac{1}{232} = \dfrac{29 + 12 + 4 + 3}{696} = \dfrac{48}{696} = \dfrac{2}{29}$

11. Für den Zähler kommen nur die Primzahlen 23 und 29 in Betracht. Der durch 15 teilbare Nenner der Form $\overline{3bc}$ kann nur die Zahlen 315, 330, 345, 360, 375 und 390 annehmen.

Der kleinste Bruch ist damit $\dfrac{23}{390}$ und der größte $\dfrac{29}{315}$.

Lösungen   Klassenstufe 6

12. Wegen der Teilbarkeit durch 9 muß die Quersumme 18 oder 27 sein. Andere Quersummen sind nicht möglich, da $0 \leq x + y \leq 18$ gilt. $x + y = 17$ entfällt, da 948 nicht durch 8 teilbar ist. Auch muß y gerade sein.
Für $x + y = 8$ erfüllen von den fünf möglichen Fällen (y = 0, 2, 4, 6, 8) nur 42840 und 42048 die Bedingungen.

13. Da kein Faktor 10 sein kann (das Produkt endet nicht auf Null) und nicht alle Faktoren größer als 10 sein können (das Produkt wäre sonst größer als 10000), sind alle Faktoren kleiner als 10.
Sie lauten 6, 7, 8, 9. Ihr Produkt ist 3024.

14. Es soll gelten $2 \cdot \dfrac{a}{b} = \dfrac{a+b}{b+b} = \dfrac{a+b}{2b}$. Daraus folgt $4a = a + b$, $3a = b$; also $a = 1$ und $b = 3$, da $\dfrac{a}{b} = \dfrac{1}{3}$ unkürzbar sein soll.

15. Die gesuchte Zahl lautet 1023457896.

16. Es gilt $\dfrac{1}{\dfrac{1}{2} + \dfrac{1}{3}} = \dfrac{1}{\dfrac{3}{6} + \dfrac{2}{6}} = \dfrac{1}{\dfrac{5}{6}} = \dfrac{6}{5}$.

17. a) Es gilt y = 1 oder y = 2.
Wenn y = 1, so x = 9 und somit z = 8.
Es existiert die Lösung   9999
                               1111
                             +8888
                             19998 .
Wenn y = 2 eine Lösung wäre, so erhielte man x = 8 und somit $z \leq 7$, also $x + y + z \leq 17$, was wegen y = 2 zum Widerspruch führt.

b) ohne Verwendung der Null:

618	439	293
+354	+128	+571
972	567	864

unter Verwendung der Null:

563	753	618	513	567	417
+408	+109	+307	+467	+413	+563
971	862	925	980	980	980

c) Es gibt nur eine Lösung. Sie lautet: $115 \cdot 989 = 113735$.

Lösungen   **Klassenstufe 6**

18. Damit die Summe s so groß wie möglich ist, werden die drei größten Zahlen in die Ecken eingetragen, so daß jede dieser Zahlen in zwei Summen s vorkommt. Es ist dann

$$s = \frac{2 \cdot (13 + 14 + 15) + 10 + 11 + 12}{3} = 39.$$

Nebenstehendes Bild zeigt ein solches Dreieck.

19. Aus $P = 6 \cdot Q$ und $Q = 3 \cdot R$ folgt $P = 18 \cdot R$.

Aus $S = 2 \cdot R$ folgt weiter $\dfrac{P}{S} = \dfrac{18 \cdot R}{2 \cdot R} = 9$.

20. a) 399 999 999 988
b)   599 999 999 995
c) nicht lösbar, da die Quersumme 100 nicht durch 9 teilbar ist.

21. a) Es ist $\dfrac{1}{10} + \dfrac{2}{20} + \dfrac{3}{30} = \dfrac{1}{10} + \dfrac{1}{10} + \dfrac{1}{10} = 0{,}3$.

b) Es ist $8 \cdot 0{,}25 \cdot 2 \cdot 0{,}125 = 8 \cdot \dfrac{1}{4} \cdot 2 \cdot \dfrac{1}{8} = \dfrac{1}{2}$.

c) Es gilt $2{,}46 \cdot 8{,}163 \, (5{,}17 + 4{,}829) = 2{,}46 \cdot 8{,}163 \cdot 9{,}999$
$\approx 2{,}5 \cdot 8 \cdot 10 = 200$.

d) Im Ergebnis 19200 sind $3 + 2 = 5$ Kommastellen zu beachten; also lautet das Ergebnis $0{,}19200 = 0{,}192$.

22. $A_Q = 64 \text{ cm}^2$, $a = 8$ cm, $u = 32$ cm;
$1 : 15\,000 = 32 : x$, $x = 32 \cdot 15\,000$ cm $= 32 \cdot 150$ m $= 4{,}8$ km.

23.

Tag	1.	2.	3.	4.	5.
Vormittag	Sonne	Sonne	Sonne	Sonne	Sonne
Nachmittag	Regen	Regen	Regen	Regen	Sonne

	6.	7.	8.	9.
Vormittag	Sonne	Regen	Regen	Regen
Nachmittag	Sonne	Sonne	Sonne	Sonne

Mbongo hatte 9 Ferientage.

24. Sei x die Höhe, aus der der Ball fallengelassen wurde.

Es gilt $\dfrac{5}{8} \cdot \dfrac{2}{3} x + 45 = \dfrac{2}{3} x$; $x = 180$.

Der Ball fiel aus einer Höhe von 180 cm.

Lösungen — Klassenstufe 6

25. Es gilt $8 = 3 + 5$; $9 = 3 \cdot 3$; $10 = 2 \cdot 5$; $11 = 2 \cdot 3 + 5$; $12 = 4 \cdot 3$; $13 = 3 + 2 \cdot 5$; $14 = 3 \cdot 3 + 5$; $15 = 3 \cdot 5$; $16 = 2 \cdot 3 + 2 \cdot 5$. Jeder weitere Betrag läßt sich aus den hier aufgeschriebenen und 3- und 5-Rubel-Scheinen zusammensetzen, z. B. $17 = 14 + 3$, $18 = 13 + 5$, ...

26. Die beiden Schäfer und der Tourist aßen zusammen 8 Stück Käse, also jeder $\frac{8}{3}$ Stück.

Der erste Schäfer gab also dem Touristen (da er selbst auch $\frac{8}{3}$ Stück aß) $\frac{7}{3}$ Stück, denn $\frac{5}{1} - \frac{8}{3} = \frac{7}{3}$, der zweite gab $\frac{1}{3}$ Stück $\left(\frac{3}{1} - \frac{8}{3} = \frac{1}{3}\right)$. Sie teilten sich also gerechterweise die 8 Forint im Verhältnis 7 : 1, d. h., der erste Schäfer erhält 7 Forint, der zweite 1 Forint.

27. a) Der Fehler beträgt
$(5 - 2) \cdot 100 + (8 - 3) \cdot 1000 + (2 - 9) \cdot 1 + (4 - 7) \cdot 10 = 5263$.
Die Summe muß also richtig lauten: $28975 - 5263 = 23712$.
b) Jede der 100 Zahlen von 200 bis 299 enthält eine 2. Von den restlichen Zahlen hat jede Zehnte eine 2 als Endziffer. Dies sind also weitere 20 Zahlen. Die restlichen Zahlen enthalten ferner noch 20 Zahlen, bei denen der Zehner eine 2 ist. Bei diesem Prozeß sind aber die Zahlen 122 und 322 doppelt gezählt worden.
Also gibt es genau $100 + 20 + 20 - 2 = 138$ Zahlen, die die Ziffer 2 enthalten.

28. Fassil kennt natürlich sein eigenes Alter. Ohne diese Information wäre die Aufgabe für einen Fremden nicht lösbar.
Wir rechnen nun unter der Voraussetzung, daß Fassil 32 Jahre alt ist:
Unter den vielen Möglichkeiten, 2450 in ein Produkt aus drei Faktoren zu zerlegen, gibt es genau zwei, in denen die Summe der Faktoren gleich 64 ist:
$5 \cdot 10 \cdot 49 = 2450$; $5 + 10 + 49 = 64$;
$7 \cdot 7 \cdot 50 = 2450$; $7 + 7 + 50 = 64$.
Da das Produkt der beiden kleineren Faktoren größer sein muß als der größte Faktor, sind die Personen 5, 10 und 49 Jahre alt.

29. Nach einer Stunde beträgt der Zeitabstand zwischen beiden Uhren $2 + 1 = 3$ Minuten, nach 20 Stunden also $20 \cdot 3 = 60$ Minuten. Am nächsten Tag um 8 Uhr vormittags wird die zweite Uhr gegenüber der ersten um eine Stunde voraus sein.

30. Entnimmt man dem Beutel 64 Bälle, so könnten es 14 rote, 14 grüne, 14 blaue, 12 gelbe und 10 schwarze sein.

Lösungen — Klassenstufe 6

Bei 65 Bällen erhält man entweder 15 rote oder 15 grüne oder 15 blaue Bälle.

31. 4 Vögel fressen   4 Raupen in   4 Minuten,
        1 Vogel frißt   4 Raupen in 16 Minuten,
        1 Vogel frißt   10 Raupen in 40 Minuten,
       10 Vögel fressen 10 Raupen in   4 Minuten.

32. Es gibt acht Möglichkeiten, die Zahl 36 in drei (natürliche) Faktoren zu zerlegen.

1	1	1	1	1	2	2	3
1	2	3	4	6	2	3	3
36	18	12	9	6	9	6	4
Summen: 38	21	16	14	13	13	11	10

Da Fassil das Alter seines Sohnes kennt und noch überlegt, kann nur die zweimal erscheinende Summe 13 in Frage kommen. Da aber von einem älteren Kind die Rede ist, gibt es nur die Lösung, daß Tesfaye zwei zweijährige und ein neun Jahre altes Kind hat.

33. Es sei das Gewicht eines Teebeutels gleich x Gramm. Dann erhalten wir die Gleichung $6x + 50 = x + 300$ und hieraus $x = 50$ g.

34. Es seien v_1 die Geschwindigkeit des D-Zuges, v_2 die des Güterzuges (in $\frac{m}{s}$), t_1 die Zeit, die der D-Zug, und t_2 die Zeit, die der Güterzug für die Fahrt durch den Tunnel braucht (Weg $s_1 = s_2$). Es gilt:
$v_1 = (v_2 + 4)\frac{m}{s}$, $t_1 = 450$ s, $t_2 = 570$ s.
Aus $s_1 = s_2$ folgt $v_1 t_1 = v_2 t_2$,
also $450 \cdot (v_2 + 4) = 570 \cdot v_2$
        $450 v_2 + 1800 = 570 v_2$
        $120 v_2 = 1800$
        $v_2 = 15 \left(\frac{m}{s}\right)$.
        $s_2 = 15 \frac{m}{s} \cdot 570$ s $= 8550$ m.
Der Tauerntunnel hat eine Länge von 8 550 m bzw. 8,550 km.

35. Da 26 Schüler radfahren und 12 Schüler schwimmen können und jeder Schüler mindestens eins von beiden kann, gehören der Klasse mindestens 26, höchstens 38 Schüler an. Da die Anzahl der Schüler durch 6 teilbar ist, könnten es 30 oder 36 Schüler sein. Von diesen beiden Zahlen erfüllt nur 30 alle Bedingungen.

36. 1. Der Tank faßt mindestens 35 l; denn der Graph zeigt 35 l als Höchstmarke an.

Lösungen   Klassenstufe 6

2. An zwei Tankstellen. Bei 200 km und bei 400 km, denn bei diesen km-Zahlen steht das Auto still, und der Benzingehalt des Tanks steigt. Zu Beginn der Fahrt waren 20 l Benzin im Tank vorhanden.
3. An der ersten Tankstelle (25 Liter), denn
   $25 = 30 - 5 > 20 = 35 - 15$.
4. 15 l + 15 l + 15 l = 45 l,
   denn $(20 - 5) + (30 - 15) + (35 - 20) = 3 \cdot 15 = 45$.
5. Nach etwa 266 km; $\frac{x}{20} = \frac{200}{15} = \frac{40}{3}$, $x = \frac{800}{3} \approx 266$.

37. In $1\frac{1}{2}$ Tagen würden 3 Hühner doppelt so viele Eier wie $1\frac{1}{2}$ Hühner, also 3 Eier legen. Ein Huhn würde in dieser Zeit den dritten Teil, also ein Ei legen. Also würden 7 Hühner in $1\frac{1}{2}$ Tagen 7 Eier legen. Wegen 6 Tage gleich $4 \cdot 1\frac{1}{2}$ Tage, würden 7 Hühner in 6 Tagen 28 Eier legen.

38. Bei 1800 m hat Marjorie gegenüber Betty einen Vorsprung von 90 m herausgelaufen, also bei 200 m Laufstrecke 10 m. Ihr Vorsprung im Ziel beträgt somit 90 m + 10 m = 100 m.

39. Jedes Rad ist $\frac{4}{5}$ des Weges gefahren, also 16 000 km.

40. 45 Minuten ist eine dreiviertel Stunde und 30 Minuten eine halbe Stunde.
Es gilt $s = v \cdot t$. Daher beträgt der Gesamtweg $4 \cdot \frac{3}{4} + 10 \cdot \frac{1}{2} = 8$ Meilen.

41. Die Summe der Früchte aus den übriggebliebenen Kisten muß durch 4 teilbar sein, d. h., es sind die Kisten 2, 3, 4 und 5 noch vorhanden. In ihnen sind insgesamt 105 + 110 + 115 + 130 = 460 Früchte. Folglich sind 460 : 4 = 115 Zitronen und 460 − 115 = 345 Apfelsinen übriggeblieben.

42. Der zweite und der dritte Fischer nehmen jeweils entweder das nach ihrer Aussage schwerste (das erste bzw. dritte) Paket oder das ihrer Meinung nach zweitschwerste (das dritte bzw. erste). So hat jeder von ihnen mindestens 1 kg 780 g Fisch. Der erste Fischer erhält das mittlere Paket, von dem er sagte, daß sich 1 kg 780 g darin befinden.

43. Angenommen, Bruno hat sich die Zahl n gedacht; er muß nach Anweisung von Hans nacheinander folgende Rechenoperationen ausführen: $n, 2 \cdot n, 2n + 50, (2n + 50) : 2 = n + 25, n + 25 - n = 25$. Es zeigt sich also: Für **jede** natürliche Zahl n ($\neq 0$) ist das Endergebnis 25.

Lösungen   Klassenstufe 6

44. Angenommen, Dieter hat x Lei gespart, dann hat Bernd $\frac{3}{4}$ x Lei und Axel $\frac{2}{3} \cdot \frac{3}{4}$ x Lei = $\frac{1}{2}$ x Lei; alle drei zusammen haben also $\frac{9}{4}$ x Lei gespart. Nun gilt $\frac{9}{4}$ x = 225, x = 100. Axel hat 50 Lei, Bernd 75 Lei und Dieter 100 Lei gespart.
Da die Unkosten je Schüler 40 Lei betrugen, verbleiben Axel 10 Lei, Bernd 35 Lei und Dieter 60 Lei.

45. Der Zeiger durchläuft in 12 h einen Winkel von 360°. Ein Winkel von 72° entspricht damit einem Zeitraum von $\frac{72 \cdot 12}{360}$ h = 2,4 h = 2 h 24 min. Also ist Antwort B richtig.

46. Angenommen, der Sohn ist gegenwärtig n Jahre, der Vater also 4n Jahre alt, dann gilt: n + 4n = 50; 5n = 50; n = 10. Gegenwärtig ist der Vater 40 Jahre, sein Sohn 10 Jahre alt. Aus (10 + x) · 3 = 40 + x folgt 30 + 3x = 40 + x, 2x = 10, also x = 5.
Nach 5 Jahren wird der Vater 45 Jahre, der Sohn 15 Jahre alt sein, der Vater also dreimal so alt wie sein Sohn sein.

47. In einer Stunde streichen beide zusammen $\frac{1}{12} + \frac{1}{24} = \frac{1}{8}$ des Raumes. Daher benötigen sie zusammen 8 h.

48. Eine Diskette kauft sie für $\frac{5}{4}$ Dollar und verkauft sie für $\frac{5}{3}$ Dollar. Pro Diskette verdient sie also $\frac{5}{3} - \frac{5}{4} = \frac{5}{12}$ Dollar. Damit muß sie 100 · $\frac{12}{5}$ = 240 Stück verkaufen, um 100 Dollar zu verdienen.

49. Wegen 6 · a + 3 = 8 · b + 7 = 5 · c + 4 < 100 gilt
6 · 6 + 3 = 8 · 4 + 7 = 5 · 7 + 4 = 39.
Keamogetse besaß 39 Münzen.

50. Nach 4 Tanztiteln haben vier der sechs Jungen mit jedem Mädchen genau einmal getanzt. Nach 4 weiteren Tanztiteln haben die übrigen zwei Jungen mit jedem Mädchen genau einmal getanzt. Somit müßten insgesamt 8 Tanztitel gespielt werden.

Lösungen Klassenstufe 6

51. Die Dreiecke ACD und EBC sind gleichschenklig. Also gilt

∢ADC = $90° - \frac{\alpha}{2}$ und

∢BEC = $90° - \frac{\beta}{2}$.

Im Dreieck ECD ergibt sich damit

∢ECD = $\frac{\alpha + \beta}{2}$.

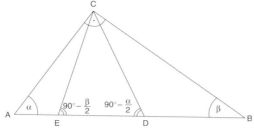

52. Der sich überschneidende Teil beträgt 2 · 3 = 6 FE (Flächeneinheiten). Die Fläche des horizontalen Rechtecks beträgt 3 · 8 = 24 FE. Damit ist die gesuchte Fläche 20 + 24 − 6 = 38 FE.

53. Es gilt $16 - \left(2 + 2 + 1 + \frac{1}{2} + 1\right) = 16 - \frac{13}{2} = \frac{19}{2} = 9{,}5$.

54. Es gilt $1^2 - \left(\frac{3}{4}\right)^2 = 1 - \frac{9}{16} = \frac{7}{16}$.

55. Es gilt [2 · (3 · 5 − 3 · 1) + 2 · 3 · 5 + 2 · 3 · 3] cm² = 72 cm².

56. Es gilt D.

57. a) B ist richtig; denn die gleichschenklig-rechtwinkligen Teilfiguren (Dreiecke) des großen Quadrates füllen nach Umklappung um ihre Hypotenuse das kleinere Quadrat aus.

b) $u_{ABC} = [x + (6 - x) + 5] = 11$ LE

c) $A = a^2$, $A_1 = \frac{a^2}{2}$, $A_2 = \frac{a^2}{4}$, ...

ergibt sich durch Umklappen von jeweils vier kongruenten Dreiecken (siehe Figur).
Also ist

$A_{10} = \frac{a^2}{2^{10}} = \frac{(2^5)^2}{2^{10}}$ cm² = 1 cm²

und damit $a_{10} = 1$ cm die gesuchte Länge.

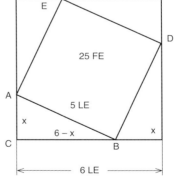
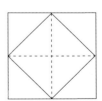

58. Im folgenden sind alle auftretenden Dreiecke aufgezählt; es sind 17 Stück:

AEC, ABC, ABF, ABD, ABG, AGD, AHC,
AFC, AEH, EBI, EBC, DBC, IBC, GBF,
GIH, DIC, HFC.

Lösungen   Klassenstufe 6

59. Es gilt

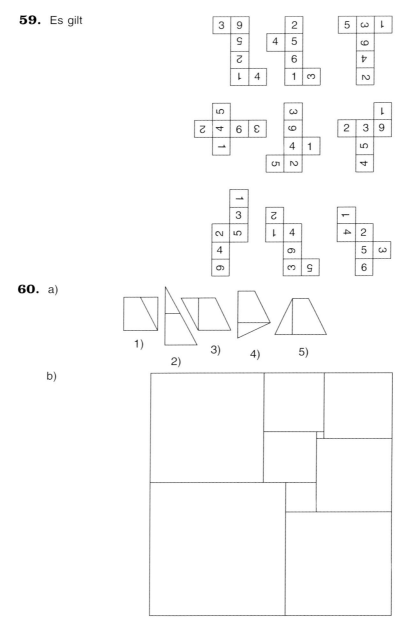

60. a)

b)

61. a) Es gilt D), denn $\alpha = 105° + 128° + 48° - 180° = 101°$.

b) Es gilt D, denn aus $\alpha = 20°$ folgt $\beta + \gamma = 160°$, also (mit β als größtmöglichem Winkel) $\beta = 159°$.

c) Es gilt $20° + \sphericalangle ABC + \sphericalangle CBD + 20°C = 180°$. Aus $\sphericalangle CBD = 90°$ folgt $\sphericalangle ABC = 50°$.

d) Im rechtwinkligen Dreieck ABF gilt $\sphericalangle ABF = 90° - \varphi$. Mit $\sphericalangle CAB = \sphericalangle CBA = 2\varphi + 30°$ folgt daraus $90° - \varphi = 2\varphi + 30°$, also $\varphi = 20°$. Weiter erhält man $\sphericalangle CAB = \sphericalangle CBA = 70°$ und $\sphericalangle ACB = 180° - 2 \cdot 70° = 40°$.

62. Wir spiegeln A an g; der Bildpunkt sei A'. Dann schneidet BA' die Gerade g im gesuchten Punkt P.

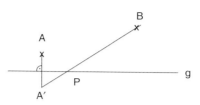

63. Es gilt $x + x + 3 + x + 5 = 17$; $x = 3$. Der Abschnitt AB ist 3 cm, der Abschnitt BΓ 6 cm und der Abschnitt ΓΔ 8 cm lang.

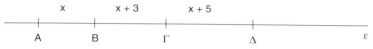

64. Es gilt $2 \cdot (f + 7 + f + f + 4) + f + 1 = 58$, $7f = 35$, $f = 5$.

65. a) Eine mögliche Konstruktion ist die folgende: Wir zeichnen um A und B je einen Kreis mit dem gleichen Radius r, der größer als $\frac{1}{2}\overline{AB}$ und sonst beliebig gewählt wird. Die beiden Schnittpunkte S_1 und S_2 dieser beiden Kreise erfüllen die Bedingungen $\overline{S_1A} = \overline{S_2B}$ und $\overline{S_2A} = \overline{S_2B}$.

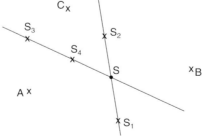

b) In entsprechender Weise konstruieren wir für die Punkte A und C zwei Punkte S_3 und S_4, für die $\overline{S_3A} = \overline{S_3C}$ und $\overline{S_4A} = \overline{S_4C}$ gilt. Der Schnittpunkt S der Geraden (S_1S_2) mit der Geraden (S_3S_4) erfüllt die geforderte Bedingung.

Lösungen   Klassenstufe 6

c) Nach Konstruktion ist die Gerade (S_1S_2) Symmetrieachse von AB, d. h., alle ihre Punkte sind von A genauso weit wie von B entfernt. Analoges gilt für die Gerade (S_3S_4) bezüglich der Strecke AC. Nach Konstruktion ist S ein Punkt beider Symmetrieachsen.
Deshalb gilt für ihn $\overline{SA} = \overline{SB}$ und $\overline{SA} = \overline{SC}$
und damit auch $\overline{SB} = \overline{SC}$, d. h., S ist von A, B und C gleich weit entfernt.

66.

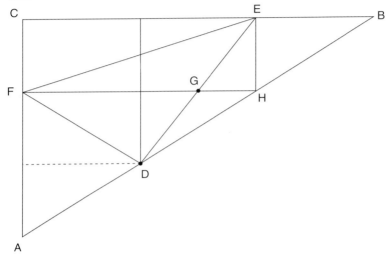

$\overline{FG} = \dfrac{1}{2} \cdot \overline{BC} = \dfrac{a}{2}, \qquad \overline{EH} = \dfrac{1}{3} \cdot \overline{AC} = \dfrac{b}{3}.$

$A_{FGE} = A_{FGD}$, also $A_{DEF} = 2 \cdot A_{FGE} = 2 \cdot \dfrac{1}{2} \cdot \dfrac{a}{2} \cdot \dfrac{b}{3},$

$A_{DEF} = \dfrac{ab}{6}$. Mit $A_{ABC} = \dfrac{ab}{2}$ erhält man nun

$A_{DEF} : A_{ABC} = \dfrac{2}{6} = \dfrac{1}{3}.$

118

Lösungen zu

KLASSENSTUFE 7

66 Olympiadeaufgaben

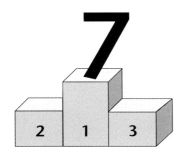

Lösungen   Klassenstufe 7

1. Aus $100a + 10b + c = (a + b + c)^3$ für $1 \leq a \leq 9$, $0 \leq b \leq 9$, $0 \leq c \leq 9$, folgt $100 \leq (a + b + c)^3 \leq 999$. Deshalb könnte $(a + b + c)^3$ gleich $5^3 = 125$, $6^3 = 216$, $7^3 = 343$, $8^3 = 512$, $9^3 = 729$ sein.
Nur für $512 = (5 + 1 + 2)^3 = 8^3$ werden die gestellten Bedingungen erfüllt.

2. Aus $\dfrac{a}{b} = b + \dfrac{a}{10}$ folgt schrittweise $10a = 10b^2 + ab$; $10a - ab = 10b^2$, $a \cdot (10 - b) = 10b^2$, $a = \dfrac{10b^2}{10 - b}$. Nur für $b = 2$ erhält man eine positive ganze Zahl, nämlich $a = 5$. Somit gilt $\dfrac{5}{2} = 2{,}5$.

3. Bezeichnet man den Minuenden mit m (m ≠ 0), dann ist der Subtrahend $\dfrac{2}{5}m$. Die Differenz z ist $m - \dfrac{2}{5}m = \dfrac{3}{5}m$.

a) Wegen $\dfrac{3}{5}m = \dfrac{60}{100}m$ beträgt die Differenz 60% des Minuenden.

b) $\dfrac{7}{5}m = \dfrac{140}{100}m$. Die Summe beträgt 140% des Minuenden.

4. a) Wegen des ersten Teilprodukts 4∗ muß der erste Faktor mit der Ziffer 2 beginnen, kann also 20, 21, 22, 23 oder 24 sein. Wegen des zweiten Teilprodukts ∗1∗ beginnt der zweite Faktor mit der Ziffer 5, 6, 7, 8 oder 9, kann also 52, 62, 72, 82 oder 92 sein. Durch systematisches Probieren erhält man folgende drei Lösungen:

```
  22 · 52        23 · 52        24 · 92
  ──────         ──────         ──────
     44             46             48
    110            115            216
  ──────         ──────         ──────
   1144           1196           2208
```

b) Für △ ist die Ziffer 1 einzusetzen (Subtraktion), für ◐ somit die Ziffer 0 usw. $1218 : 14 = 87$
$$303 + 35 = 338$$
$$915 - 490 = 425$$

c) Da es sich um eine vierstellige Zahl handeln muß, kommen nur die Fälle $6^4 = 1296$, $7^4 = 2401$, $8^4 = 4096$ und $9^4 = 6561$ in Frage.
Durch Probieren (Taschenrechner) findet man rasch die Lösung $7^4 = (2 + 4 + 0 + 1)^4 = 2401$.

Lösungen Klassenstufe 7

5. Aus $p = 3$ folgt $2^3 + 3^2 = 8 + 9 = 17$.

6. Aus $10a + b = 8 \cdot (a + b)$ folgt $2a = 7b$, also $a = 7$ und $b = 2$. Die gesuchte Zahl lautet 72, und es gilt $72 = 8 \cdot (7 + 2) = 8 \cdot 9$.

7. Vom Ergebnis streicht man die letzte Ziffer, also die Einerstelle; übrig bleibt die gedachte Zahl.

Beispiel: Die gedachte Zahl sei $x = 23$; dann ist schrittweise wie folgt zu rechnen:
$23 + 9 = 32$, $32 \cdot 11 = 352$, $352 - 23 = 329$, $329 + 1 = 330$,
$330 - 94 = 236$ ($90 < 94 < 100$);
Endziffer 6 streichen, es bleibt die gedachte Zahl 23.

Begründung:
$(x + 9) \cdot 11 - x + 1 = 10x + 100$; $10x + 100 - y = E$ ($90 < y < 100$).
Subtrahiert man von $10x + 100$ nun eine natürliche Zahl y mit der Eigenschaft $90 < y < 100$, so erhält man $10x + n$, wobei n eine einstellige natürliche Zahl ist, also im Ergebnis die Anzahl der Einer darstellt.
Streicht man diese Einer, so erhält man die gedachte Zahl.

8. In Fig. 1 sind alle jene Verbindungen zwischen zwei Ziffern eingetragen, für die die Summe der Ziffern nicht durch 3, 5 oder 7 teilbar ist. Durch systematisches Probieren findet man daraus einen „Weg", der jede Ziffer genau einmal trifft, und ordnet die Ziffern entsprechend neu (Fig. 2).

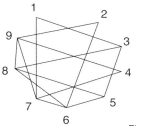
Fig. 1

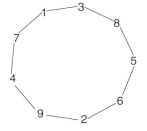
Fig. 2

9. Die kleinere der Zahlen enthält alle Teiler, die der größte gemeinsame Teiler enthält und ferner den Teiler 5. Das bedeutet, daß sie ein Vielfaches von $8 \cdot 5 = 40$ ist, sagen wir $40k$ mit $k \in \mathbb{N}$. Für die zweite Zahl bleiben dann noch die Faktoren $240 : (40k) = 6 : k$. Also ist sie gleich $(8 \cdot 6) : k = 48 : k$. Da $48 : k$ größer als $40k$ sein soll, ist $k = 1$.
Die gesuchten Zahlen sind dann 40 und 48.

10. Aus $x \cdot (60 - x) = 675$ folgt $x_1 = 15$, $x_2 = 45$.
Deshalb gilt $\dfrac{1}{15} + \dfrac{1}{45} = \dfrac{4}{45}$.

Lösungen   **Klassenstufe 7**

11. Es gilt zum Beispiel

$7 = 7 - 7 + \sqrt{7 \cdot 7}$; $8 = (7 \cdot 7 + 7) : 7$; $11 = 77 : \sqrt{7 \cdot 7}$;

$14 = 7 + 7 + 7 - 7$.

12. $10a + b = 3 \cdot (a + b)$ mit $1 \leq a \leq 9$ und $0 \leq b \leq 9$; $7a = 2b$, also $a = \dfrac{2b}{7}$.

Nur für $b = 7$, also für $a = 2$ wird diese Gleichung unter den einschränkenden Bedingungen erfüllt.
Es gibt genau eine solche Zahl. Sie lautet 27.

13. Für $4^4 + 4 = 260$ ist das Ergebnis bereits dreistellig. Für $1^1 + 1 = 2$ und $2^2 + 2 = 6$ sind die Ergebnisse einstellig. Es existiert genau eine Lösung $x = 3$, und es gilt $3^3 + 3 = 30$.

14. Es gilt $S = \overline{aba} + \overline{bab} = 100a + 10b + a + 100b + 10a + b = 111a + 111b = 111 \cdot (a + b)$, also ist S durch $a + b$ teilbar.

15. Aus   7xy
            -117
          xy7   folgt $y = 4$ und somit $x = 6$, also $z = 764$.

16. Aus $\dfrac{1}{5} \cdot (3 + 6 + 9 + 10 + x) = x$ folgt $28 + x = 5x$, $4x = 28$, $x = 7$.
Also ist Antwort E richtig.

17. Es ist $12^2 = 144 < 164 < 169 = 13^2$.
Daher ist E richtig.

18. a) Es gilt $\dfrac{378 \cdot 436 - 56}{378 + 436 \cdot 377} = \dfrac{377 \cdot 436 + 436 - 56}{377 \cdot 436 + 378} = \dfrac{377 \cdot 436 + 380}{377 \cdot 436 + 378}$.

Da der Zähler größer ist als der Nenner, ist die Zahl größer als 1.

b) $\dfrac{2}{11}$

19. Beispiele:

Zahl	Teiler	Teilersumme
49	1, 7, 49	57
16	1, 2, 4, 8, 16	31
36	1, 2, 3, 4, 6, 9, 12, 18, 36	91

Die Anzahl der ungeraden Teiler einer solchen Zahl muß ebenfalls eine ungerade Zahl sein.

Lösungen   Klassenstufe 7

20. Die 2. Zahl erhält man, wenn man $1 \cdot 4$ zur 1 addiert.
Die 3. Zahl erhält man, wenn man $2 \cdot 4$ zur 1 addiert.
...
Die i. Zahl erhält man, wenn man $(i - 1) \cdot 4$ zur 1 addiert.
...
Die 100. Zahl erhält man, wenn man $99 \cdot 4$ zur 1 addiert; sie lautet also $4 \cdot 99 + 1 = 397$, also gilt A.

21. Wenn x und y die gesuchten Zahlen sind, dann gilt

    $x = 6a$ und $210 = xc$
    $y = 6b$ $210 = yd$

mit ganzen Zahlen a, b, c und d. Setzt man x und y in die rechten Gleichungen ein, so bekommt man $6ac = 210$ und $6bd = 210$ bzw. $ac = 35$ und $bd = 35$. 35 kann man auf folgende Weise in Produkte von je zwei Faktoren zerlegen:
$35 = 1 \cdot 35 = 5 \cdot 7 = 7 \cdot 5 = 35 \cdot 1$.
Folglich sind die Möglichkeiten für a, b, c und d:

1. a = 1	b = 1	c = d = 35		x = y = 6	Widerspruch
2. a = 1	b = 5	c = 35	d = 7	x = 6; y = 30	Widerspruch
3. a = 1	b = 7	c = 35	d = 5	x = 6; y = 42	Widerspruch
4. a = 1	b = 35	c = 35	d = 1	x = 6; y = 210	Lösung
5. a = 5	b = 5	c = 7	d = 7	x = y = 30	Widerspruch
6. a = 5	b = 7	c = 7	d = 5	x = 30; y = 42	Lösung
7. a = 5	b = 35	c = 7	d = 1	x = 30; y = 210	Widerspruch

Alle anderen Fälle sind zu den angeführten symmetrisch.

22. Würde man die Fenster ohne Läden mit je einem Laden der kompletten Fenster versehen, dann fehlte an jedem Fenster ein Laden. Also braucht man 28 neue Fensterläden.

23. Aus $a + b > b + c$ folgt $a > b$; aus $c + d > c + b$ folgt $d > b$. Ferner gilt $c + d > a + b > b + c$. Daraus folgt $d > b > a > c$.
Somit gilt B.

24. Angenommen, der Sohn war zum Zeitpunkt der Fragestellung x Jahre, der Vater also 3x Jahre alt, dann gilt $3x - 5 = 4 \cdot (x - 5)$ also $x = 15$.
Der Vater ist somit 45 Jahre alt.

25. Angenommen, Theo beantwortet x Fragen richtig, also $(30 - x)$ Fragen falsch; dann gilt $4 \cdot x - 1 \cdot (30 - x) = 60$, $x = 18$. Theo beantwortet 18 Fragen richtig.

Lösungen Klassenstufe 7

26. Es gilt $\frac{x}{3} + \frac{x}{2} + \frac{x}{20} + 3{,}50 = x$, also $x = 30$.
Jörg hat 30 Mark ausgegeben.

27. a) Der erste Bus braucht bis zur nächsten Abfahrt vom Bahnhof Montparnasse $96 + 4 = 100$ min, der zweite $108 + 12 = 120$ min und der dritte $130 + 20 = 150$ min. Die nächste gemeinsame Abfahrt ergibt sich dann als kleinstes gemeinsames Vielfaches von 100, 120 und 150, also nach 600 min.
Die Autobusse fahren um 18 Uhr wieder gemeinsam vom Bahnhof ab.
b) Dann hat der erste Bus $600 : 100 = 6$ Fahrten, der zweite Bus $600 : 120 = 5$ Fahrten und der dritte Bus $600 : 150 = 4$ Fahrten durchgeführt.

28. Das Alter A des Freundes in vollen Jahren sei $10x + y$ und die Zahl des Wochentags seiner Geburt z. Dann gilt die Gleichung
$A = [(10x + y) \cdot 5 + 25] \cdot 2 + z - 50$; $A = 100x + 10y + z$.
Demzufolge ergibt sich aus der Hunderter- und Zehnerstelle das Alter des Freundes, und die Einerstelle zeigt den Wochentag an.

29. Zum Anfang mögen x Eier im Korb gewesen sein. Dann ist
$x - 0{,}5x = 0{,}5x$; $0{,}5x - 0{,}5 \cdot 0{,}5x = 0{,}25x$; $0{,}25x - 0{,}5 \cdot 0{,}25x = 0{,}125x$;
$0{,}125 - 0{,}5 \cdot 0{,}125x = 0{,}0625x = 10$; also $x = 160$.
Anfangs waren 160 Eier im Korb.

30. C ist richtig. Die Lösung ist aus der Skizze ersichtlich.

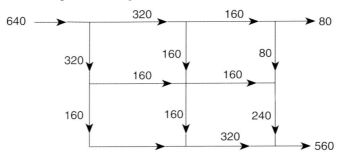

31. a) Es gilt $1000 : 100 = y : (100 - 60)$, also $y = 400$;
$400 : (100 - 20) = x : 100$; also $x = 500$. Aus einer Tonne frischgemähten Grases erhält man 500 kg, also eine halbe Tonne, Heu.

Lösungen Klassenstufe 7

b) Es gilt $9{,}25 : (100 - 12) = x : 100$
$9{,}25 : 88 = x : 100$
$$x = \frac{9{,}25 \cdot 100}{88} = \frac{925}{88} \approx 10{,}511.$$
Das Frischgewicht des Schinkens beträgt etwa 10,5 kg.

32. a) Angenommen, Albert hat a Mark und Jürgen b Mark gespart. Dann gilt $\frac{18}{100} \cdot a = \frac{45}{100} \cdot b$, also $a = \frac{5}{2} b$. Aus $a - \frac{1}{4} b = 292{,}5$ erhalten wir durch Einsetzen $\frac{5}{2} b - \frac{1}{4} b = 292{,}5$, also $b = 130$ und somit $a = 325$.
Albert hat 325 Mark, Jürgen 130 Mark gespart.
b) Es sei x die Anzahl der zu verkaufenden Lose, dann gilt:
$$5x = \frac{87\,300 \cdot 100}{45} = 194\,000; \quad x = 38\,800.$$
Es müssen 38 800 Lose zu je 5 Franken verkauft werden, um die beabsichtigte Gewinnausschüttung zu realisieren.

33. Es gilt A; denn $2 \cdot (i + b + s) = 78 + 69 + 137 = 284$; $i + b + s = 142$.

34. In einer Minute wird die Wanne um $\frac{1}{3}$ gefüllt bzw. um $\frac{1}{4}$ geleert, also bei herausgezogenem Stöpsel um $\frac{1}{3} - \frac{1}{4} = \frac{1}{12}$ gefüllt. Deshalb dauert es 12 Minuten, um die Wanne zu füllen, wenn der Stöpsel herausgezogen ist.

35. Die angezeigte Stunde a sei einstellig. Dann gibt es zu a genau 6 Palindrome, nämlich $a:0a$, $a:1a$, ..., $a:5a$. Dabei kann a die Werte 1 bis 9 annehmen. Dies sind also 54 Palindrome. Ist die angezeigte Stunde zweistellig, also 10 oder 11, so sind die Palindrome mit 10:01, 11:11 und 12:21 eindeutig festgelegt. Es gibt also 57 Palindrome.

36. Um einen Durchschnitt von 85 Punkten in 7 Tests zu erzielen, benötigt man $85 \cdot 7 = 595$ Punkte. Nach 6 Tests ist die erforderliche Punktzahl $6 \cdot 84 = 504$. Daher werden im 7. Test $595 - 504 = 91$ Punkte vergeben.

37. Hat die Ware einen Originalpreis von x Pfund, dann beträgt der erhöhte Preis $1{,}25 \cdot x$ Pfund.
Nun sind 20% dieses Preises $0{,}2 \cdot 1{,}25 \cdot x = 0{,}25 \cdot x$ Pfund. Der Verkaufspreis beträgt damit $1{,}25x - 0{,}25x = x$ Pfund.
Es ist E richtig.

38. Es gilt B.

39. a) Heidrun schoß $5 + 8 + 10 + 7 + 6 = 36$ Ringe und gewann; denn Günther schoß nur $3 + 5 + 6 + 7 + 9 = 30$ Ringe.
b) Heidrun schoß die 10.
Begründung: Da Günther mit den letzten vier Schüssen die neunfache Ringzahl des ersten Schusses erzielte, muß sein erster Schuß die 3 gewesen sein, usw.

40. 6 Pferde und 40 Kühe benötigen täglich 472 kg Heu. 12 Pferde und 37 Kühe benötigen täglich 514 kg Heu. Wir multiplizieren die erste Beziehung mit 2 und erhalten: 12 Pferde und 80 Kühe benötigen täglich 944 kg Heu. Da aber 12 Pferde und 37 Kühe täglich 514 kg Heu benötigen, benötigen 43 Kühe am Tag 430 kg Heu, d. h., eine Kuh braucht täglich 10 kg Heu, und 40 Kühe brauchen 400 kg. Folglich benötigen 6 Pferde am Tag $472 - 400 = 72$ kg, also ein Pferd 12 kg. Vom 15. Oktober bis zum 25. März sind es 162 Tage. Damit benötigen 30 Pferde und 90 Kühe in dieser Zeit $(12 \cdot 30 + 10 \cdot 90) \cdot 162 = 204\,120$ kg Heu.

41. 0,5 t Rosenblüten liefern 1 kg Rosenöl, 0,1 t Rosenblüten liefern 0,2 kg Rosenöl, 0,8 t Rosenblüten liefern 1,6 kg Rosenöl. 0,001 kg Rosenöl ergeben 25 Tropfen Rosenöl, 1,6 kg Rosenöl ergeben 40000 Tropfen Rosenöl. 2 Tropfen Rosenöl werden für 1 l Parfüm benötigt, 40000 Tropfen Rosenöl ergeben 20000 l Parfüm.

42. Wegen $s = v \cdot t$ gilt $15 \cdot t = 10 \cdot (t + 2)$, also $t = 4$ und somit $s = 15 \cdot 4$ km $= 60$ km.

43. Insgesamt waren $\dfrac{12 \cdot 11}{2} = 66$ Spiele ausgetragen. Aus $66 - 54 = 12$ folgt, daß noch 12 Spiele stattfinden müssen. Somit hatte jede der 12 Mannschaften noch genau ein Spiel zu bestreiten.

44. Klaus muß im ungünstigsten Fall für 12 Schlösser 11 Proben, für 11 Schlösser 10 Proben, ..., für 2 Schlösser 1 Probe vornehmen. Das sind $1 + 2 + 3 + \ldots + 11 = 66$ Proben, durch die man mit Sicherheit zu jedem Vorhängeschloß den passenden Schlüssel findet.

45. Die 36% entsprechen 45 Tassen. Also entsprechen 4% dann $45 : 9 = 5$ Tassen. Ist die Maschine zu 100% gefüllt, enthält sie $5 \cdot 25 = 125$ Tassen.

Lösungen   Klassenstufe 7

46. Wir nehmen eine Falluntersuchung vor:
Anzahl der Hölzchen in der

a) linken | rechten Hand

2n	2k + 1
4n	6k + 3 (Produkte)

$\quad$ 4n + 6k + 3
$\quad$ = 2 · (2n + 3k) + 3   (Summe; ungerade Zahl)

b)
2n + 1	2k
4n + 2	6k (Produkte)

$\quad$ 4n + 6k + 2
$\quad$ = 2 · (2n + 3k + 1)   (Summe; gerade Zahl)

Ist das Ergebnis eine ungerade Zahl, so befindet sich die gerade Anzahl von Hölzchen in der linken Hand; ist das Ergebnis gerade, so enthält die rechte Hand eine gerade Anzahl von Hölzchen.

47. Aus $v = \dfrac{s}{t}$ folgt mit $v = \dfrac{60 \text{ km}}{h} = \dfrac{100 \text{ m}}{6 \text{ s}}$ und $s = 4u$ für $t = 1\text{s}$:
$\dfrac{100 \text{ m}}{6 \text{ s}} = \dfrac{4u}{1\text{s}}$, also $u = \dfrac{25}{6}$ m. Wegen $u = \pi d$ gilt also $d = \dfrac{25}{6\pi}$ m.

48. Es ist das Zeichen ○.

49. a) 3 + 8 + 4 + 2 = 2 + 5 + 9 + 1 = 1 + 6 + 7 + 3 = 17.
b) Für die Seitensumme 21 sind die drei Eckziffern 3, 7, 8 bzw. 3, 6, 9 möglich. Die anderen Ziffern lassen sich dann leicht zuordnen, z. B.
3 + 5 + 6 + 7 = 7 + 4 + 2 + 8 = 8 + 9 + 1 + 3 = 21.
c) Die Seitensumme kann nicht kleiner als
(1 + 2 + 3 + 4 + 5 + 6 + 7 + 8 + 9 + 1 + 2 + 3) : 3 = 51 : 3 = 17
und nicht größer als
(1 + 2 + 3 + 4 + 5 + 6 + 7 + 8 + 9 + 7 + 8 + 9) : 3 = 69 : 3 = 23
sein. Es gibt folgende Eckziffernkonstellationen:
1, 4, 7, für die Seitensumme 19,
1, 5, 9 bzw. 2, 5, 8 bzw. 3, 5, 7 bzw. 4, 5, 6 für die Seitensumme 20,
3, 7, 8 bzw. 3, 6, 9 für die Seitensumme 21,
7, 8, 9 für die Seitensumme 23.

50. Es gilt [4 · 1 · (4 + 5,5 + 7 + 8,5 + 10) + 10 · 10] m² = 240 m².
Der Inhalt der gesamten Oberfläche ist 240 m².

51. a) Es sei $\angle ABC = \alpha$. Dann ist $\angle ACB = \alpha$ wegen der Gleichschenklichkeit des Dreiecks ABC und $\angle BAD = 180° - 2\alpha$. Hieraus ergibt sich $\angle EAD = 160° - 2\alpha$, und da Dreieck AED ebenfalls gleichschenklig ist,

folgt ∢AED = ∢ADE = 10° + α. Es folgt ∢BED = 170° − α. Betrachtet man nun das Dreieck BDE, so ermittelt man
∢BDE = 180° − (170° − α) − α = 10°.
b) Mit den Bezeichnungen ∢ABC = β, ∢ACB = γ (siehe Bild) folgt aus dem Außenwinkelsatz für Dreieck BCS und aus der Voraussetzung

$$4\alpha = \frac{\beta}{2} + \frac{\gamma}{2},$$
$$8\alpha = \beta + \gamma.$$

Ferner ist nach dem Innenwinkelsatz für Dreieck ABC
$$\beta + \gamma = 180° − \alpha.$$
Somit folgt $8\alpha = 180° − \alpha$,
$$9\alpha = 180°,$$
also
$$\alpha = 20°.$$

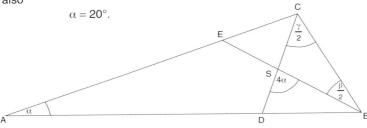

52. a) Der schraffierte Anteil beträgt 50%, denn $A_D = \frac{1}{2} \cdot g \cdot h$ und $A_R = g \cdot h$.
b) Aus $4x − 6 = 2x + 10$ folgt $x = 8$ und somit $y = 3x = 3 \cdot 8 = 24$.

53. Der Umfang des Beetes beträgt $2\pi r = 2\pi \cdot 12 \approx 75$ Fuß. Daher sind rund 75 Rosenstöcke erforderlich.

54. Die Länge des Kreisbogens beträgt $\frac{5}{6} u$ (u der Kreisumfang), da der Zentriwinkel mit 60° ein Sechstel von 360° ist.
Somit gilt für den „Umfang" des Monsters $u_M = \frac{5}{6} \cdot 2\pi \cdot 1 + 2 = \frac{5}{3}\pi + 2.$

55. Der Skizze ist folgendes zu entnehmen:
Wegen $\overline{AB} = \overline{DB}$ gilt
$\alpha = \varphi + \varphi + 2\varphi = 4\varphi$, also $\varphi = \frac{1}{4}\alpha.$
Daraus folgt
$$\sphericalangle EAF = \varphi + \frac{\alpha}{2} = \frac{\alpha}{4} + \frac{\alpha}{2} = \frac{3}{4}\alpha.$$

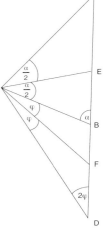

Lösungen — Klassenstufe 7

56. Aus AB ∥ XY folgt ∢CAB = ∢CXY = α.
Aus $\overline{XY} = 2 \cdot \overline{AX}$ folgt $\overline{AX} = \overline{SX} = \frac{1}{2} \cdot \overline{XY}$.
Deshalb gilt ∢SAX = ∢ASX = φ,
also φ + φ = 2φ = α (Außenwinkelsatz)
und somit $\varphi = \frac{\alpha}{2}$. Die Geraden AS und BS
halbieren also die Basiswinkel des
gleichschenkligen Dreiecks ABC.

Die Parallele zu AB durch den Schnittpunkt S der Winkelhalbierenden
schneidet AC in X und BC in Y.

57. Es gilt C.

58. Es gilt A, denn x + (180° − γ) + (α + β) = 180°, also x = γ − α − β.

59. Es gilt D; ∢EBF = 50°, also ∢ABC = 360° − 2 · 90° − 50° = 130°.

60. Ein Rhombus ist zugleich ein Trapez bzw. ein Parallelogramm, aber nicht in jedem Fall ein Quadrat.
Folglich handelt es sich bei dem Viereck um einen Rhombus. Man beachte: Jedes Quadrat ist ein Rhombus, aber nicht umgekehrt.

61. Aus S und M konstruieren wir die Strecke SQ, deren Mittelpunkt M ist. Die Parallelen durch Q
zu den Schenkeln des gegebenen Winkels schneiden den jeweils anderen
Schenkel in P bzw. R.

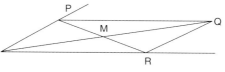

Dann ist das Viereck SRQP ein Parallelogramm, also $\overline{PM} = \overline{MR}$.

62. Mit den Bezeichnungen der Skizze ist zu zeigen: ε = 45° − β.
Es gilt ∢ACD = 90° − α = β, also ∢DCE = 45° − β; ferner gilt wegen $\overline{FB} = \overline{FC}$ auch ∢BCF = β, also ∢ECF = ε = 45° − β.

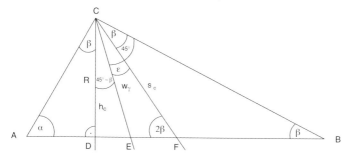

63. Der Mittelpunkt des zu konstruierenden Kreises k liegt auf der Winkelhalbierenden des Winkels ABC und auf der Winkelhalbierenden des Winkels AED. Auf Grund der vorliegenden Symmetrieeigenschaften hat der Winkel AED die Größe 45°.

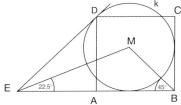

64. a) Es gilt $\beta_1 = 2 \cdot \alpha$ als Außenwinkel des gleichschenkligen Dreiecks SAB; daraus folgt weiter $\beta_2 = \alpha + \beta_1 = 3 \cdot \alpha$ als Außenwinkel des Dreiecks SCB.
b) Die Drittelung eines Winkels als Umkehrung ist nicht immer möglich; z. B. für $\beta_2 = 60°$ müßte ∢SBA die Größe 20° besitzen und ∢ABC die Größe 100° haben. Diese Winkelgrößen sind nicht konstruierbar.
c) Für $\alpha = 45°$ gilt bereits $\beta_1 = 90°$. Die Strecke AB steht dann senkrecht auf dem Schenkel g. Deshalb ist eine Verdreifachung nur für $\alpha < 45°$ möglich.

65. a) Höhenschnittpunkte eines einem Kreis einbeschriebenen Dreiecks können sein:
    1) äußere Punkte des Kreises (stumpfwinklige Dreiecke),
    2) Punkte der Kreisperipherie (rechtwinklige Dreiecke),
    3) innere Punkte des Kreises (spitzwinklige Dreiecke).
b) $u_1 = 2\pi r_1 = 24\pi$; $u_2 = 2\pi r_2 = 6\pi$; $4 \cdot 6\pi = 24\pi$.
Der Kreis B dreht sich viermal, also um $4 \cdot 360° = 1440°$.

66. Wegen $\overline{BD} = \overline{DC}$ und der gemeinsamen zu diesen Seiten gehörenden Höhe haben die Dreiecke BDS und DCS einander gleichen Flächeninhalt; dieser sei mit A_1 bezeichnet.
Ebenso haben CES und EAS einander gleichen Flächeninhalt A_2 sowie AFS und FBS einander gleichen Flächeninhalt A_3 (siehe Bild).
Wegen $\overline{AF} = \overline{FB}$ und der gemeinsamen zu diesen Seiten gehörenden Höhe haben die Dreiecke AFC und FBC einander gleichen Flächeninhalt, also gilt $\qquad A_3 + 2 \cdot A_2 = A_3 + 2 \cdot A_1$.
Daraus folgt $\qquad A_1 = A_2$.
Ebenso ergibt sich $\qquad A_1 = A_3$.
Das ist der verlangte Beweis.

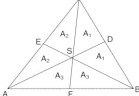

Lösungen zu

KLASSENSTUFE 8

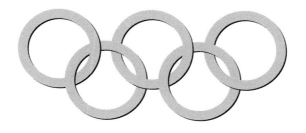

66 Olympiadeaufgaben

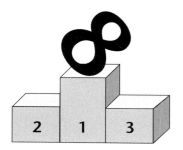

Lösungen Klassenstufe 8

1. Wenn eine Zahl durch 72 teilbar sein soll, so muß sie auch durch 8 und durch 9 teilbar sein, denn $8 \cdot 9 = 72$. Um die fehlenden Ziffern zu ermitteln, wendet man die Teilbarkeitsregeln der 8 und der 9 an.
Man beginnt mit der Teilbarkeitsregel der 8; dadurch bekommt man die letzte Ziffer der Zahl. 78∗ muß also durch 8 teilbar sein. $720 : 8 = 90$. Die Zahl 64 ist die einzige zwischen 60 und 70, die durch 8 teilbar ist. Folglich muß die letzte Ziffer 4 sein.
Um die erste Ziffer zu erhalten, wendet man die Teilbarkeitsregel der 9 an. Die Quersumme der bekannten Ziffern ist: $3 + 7 + 8 + 4 = 22$. Die Differenz bis 27, die folgende durch 9 teilbare Zahl, beträgt 5. Dies ist auch die fehlende Ziffer.
Die vollständige Zahl lautet 53784.

2. Für b^d existieren nur in folgenden Fällen zweistellige Ergebnisse: $2^4 = 16$, $2^5 = 32$, $2^6 = 64$, $3^3 = 27$, $3^4 = 81$, $4^2 = 16$, $4^3 = 64$, $5^2 = 25$, $6^2 = 36$, $7^2 = 49$, $8^2 = 64$, $9^2 = 81$. Von diesen Möglichkeiten erfüllt nur $b = 9$, $d = 2$ mit $a = 1$ und $c = 8$ die Bedingung b).
Tatsächlich gilt auch c). Die Zahl 1982 ist die einzige Lösung.

3. Zdeněks Methode des Kürzens läßt sich (für zweistellige Zähler u. Nenner) so beschreiben: $\dfrac{10a + b}{10b + c} = \dfrac{a}{c}$. Aus der Gleichung folgt $10ac + bc = 10ab + ac$, $9ac + bc = 10ab$, $c \cdot (9a + b) = 10ab$, $c = \dfrac{10ab}{9a + b}$.
Es genügen folgende Brüche (und ihr Reziprokes) den gestellten Bedingungen: $\dfrac{16}{64}$, $\dfrac{19}{95}$, $\dfrac{26}{65}$, $\dfrac{49}{98}$.

4. Es gilt $z = 100a + 10b + c = 9 \cdot (a + b + c)$; daraus folgt $91a + b = 8c$. Wegen $a \neq 0$ gilt $91a + b \geqq 91$; für $c = 9$ gilt $8c = 72$, also $91a + b > 8c$.

5. a) Aus der einen bereits vollständig ausgefüllten Diagonale ergibt sich, daß die jeweilige Summe den Betrag 14 haben muß. Das vollständig ausgefüllte magische Quadrat hat folgendes Bild:

−1	10	9	−4
4	1	2	7
0	5	6	3
11	−2	−3	8

Lösungen Klassenstufe 8

b) Es gilt:

7	8	3				
6	8	4				
5	2	6	4	1		
		3	9	6		
		2	5	4	6	1
				6	3	9
				1	9	8

6. Wegen $16 + 3 + 2 + 13 = 34$ ist die Zeilen-, Spalten- und Diagonalsumme 34. Daraus folgt, daß die fehlende Zahl in der ersten Spalte 5 und die fehlende Zahl in der vierten Spalte 1 beträgt. Für die restlichen sechs Felder bleiben die Zahlen 6, 7, 10, 11, 14 und 15 übrig.
Die Summe der beiden fehlenden Zahlen der vierten Zeile beträgt 29; sie läßt sich mit den noch übrigen Zahlen nur aus 15 und 14 bilden; die Summe der fehlenden Zahlen der dritten Zeile beträgt 13; sie läßt sich nur mit den Zahlen 6 und 7 bilden. Die Summe der restlichen Zahlen (10 und 11) beträgt 21. Sie ergibt zusammen mit den bereits in der zweiten Zeile stehenden Zahlen die verlangte Summe 34. Die Anordnung der beiden mittleren Zahlen der zweiten bzw. dritten Zeile muß nun so erfolgen, daß auch in den beiden Diagonalen die Summe 34 erreicht wird. Da jeder der beiden Diagonalen zu dieser Summe noch 17 fehlt, kann die Anordnung nur

11	10
7	6

oder

10	11
6	7

lauten.

In der zweiten Spalte fehlt an der Summe 34 noch 16 oder 17, je nachdem, ob die zweite Zahl der vierten Zeile 14 oder 15 lautet. Daher erfüllt nur die zweite der oben angeführten Anordnungen die gestellten Bedingungen. Somit ergibt sich als einzige Möglichkeit die nebenstehende Eintragung.
Sie erfüllt alle Bedingungen eines magischen Quadrats. Das Entstehungsjahr des Stichs lautet mithin 1514.

16	3	2	13
5	10	11	8
9	6	7	12
4	15	14	1

Lösungen — Klassenstufe 8

7. Um eine Quadratzahl und zugleich eine dritte Potenz zu sein, muß die entsprechende Zahl eine sechste Potenz sein. Die zwei kleinsten solchen Zahlen sind also $2^6 = 64 = 8^2 = 4^3$ und $3^6 = 729 = 27^2 = 9^3$.

8. Für die zweistelligen natürlichen Zahlen gilt $10 \leq 10a + b \leq 99$, für deren Quersumme $1 \leq a + b \leq 18$. Daraus folgt $1 \leq (a + b)^3 \leq 5832$. Nach dieser Einschränkung findet man mit Hilfe des Taschenrechners schnell die Lösung $27^2 = (2 + 7)^3 = 9^3 = 729$.

9. a) Für $x = 2$ ist $x^x + x = 2^2 + 2 = 6$ nur einstellig, für $x = 4$ ist $x^x + x = 4^4 + 4 = 260$ bereits dreistellig.
Es existiert genau eine Lösung $x = 3$, und es gilt $3^3 + 3 = 30$.
b) Es ist $101x + 10y + 110x + y + 100x + 11y = 300 + 11x$, also $300x - 22y = 300$, also $x = 1$, $y = 0$.
Tatsächlich gilt $101 + 110 + 100 = 311$.
c) Nach Division durch a geht die Gleichung in
$111 = b \cdot (10b + a) = 10b^2 + ab$, also $a = \dfrac{1}{b}(111 - 10b^2)$ über. Nur für $b \leq 3$ erhält man positive Werte für a.
Als einzige Lösung erhält man für $b = 3$ und $a = 7$ die Gleichung $777 = 3 \cdot 7 \cdot 37$.
d) Ohne Verwendung der Null:
$618 + 354 = 972$ oder $439 + 128 = 567$;
und unter Verwendung der Null:
$563 + 408 = 971$ oder $753 + 109 = 862$.
e) Wir multiplizieren die drei Gleichungen miteinander und erhalten $(abc)^2 = (2^5 3^2 5)^2$, also $abc = 2^5 3^2 5$.
Dividieren wir diese Gleichung nacheinander durch die gegebenen, so erhalten wir $c = 10$, $b = 24$ und $a = 6$.

10. Es sei a eine natürliche Zahl; dann soll
$a^2 + (a+1)^2 + (a+2)^2 + (a+3)^2 + (a+4)^2 + (a+5)^2 = 6a^2 + 30a + 55 = 6 \cdot (a^2 + 5a + 1) + 49$ durch 7 teilbar sein. Das trifft zu, wenn $a^2 + 5a + 1$ durch 7 teilbar ist. Aus $a = 1$ folgt $1^2 + 5 \cdot 1 + 1 = 7$.
Deshalb ist die Summe für $a = 1 + 7 \cdot k$ (k = 0, 1, 2, 3, ...) durch 7 teilbar, also $1^2 + 2^2 + \ldots + 6^2$ oder
$8^2 + 9^2 + \ldots + 13^2$ usw.

11. $77 \longrightarrow 49 \longrightarrow 36 \longrightarrow 18 \longrightarrow 8$
       $(7 \cdot 7)$ $(4 \cdot 9)$ $(3 \cdot 6)$ $(1 \cdot 8)$

Lösungen — Klassenstufe 8

12. Setzt man $A = \dfrac{5\,678\,901\,234}{6\,789\,012\,345} = \dfrac{x}{y}$ und $B = \dfrac{5\,678\,901\,235}{6\,789\,012\,347} = \dfrac{x+1}{y+2}$,

so gilt $A - B = \dfrac{x}{y} - \dfrac{x+1}{y+2} = \dfrac{xy + 2x - xy - y}{y(y+2)} = \dfrac{2x - y}{y(y+2)}$. Aus $2x > y$

folgt $2x - y > 0$, und da $y > 0$ ist, gilt $\dfrac{x}{y} - \dfrac{x+1}{x+2} > 0$.
Es ist also $A > B$.

13. Es gilt $\dfrac{(0{,}2)^3}{(0{,}02)^2} = \dfrac{\left(\dfrac{2}{10}\right)^3}{\left(\dfrac{2}{100}\right)^2} = \dfrac{2^3 \cdot 100^2}{10^3 \cdot 2^2} = 20$.

14. Es gibt zehn Ziffern. Da die 0 und die 1 als erste Ziffer ausgeschlossen sind, verbleiben für die erste Ziffer acht Möglichkeiten. Daher beginnt $\dfrac{1}{8}$ aller zulässigen Telefonnummern mit der 9. Von diesen endet $\dfrac{1}{10}$ auf 0. Daher beginnt $\dfrac{1}{8} \cdot \dfrac{1}{10} = \dfrac{1}{80}$ aller zulässigen Telefonnummern mit 9 und endet mit 0.

15. Aus $a + b + c = 1989$ und $\dfrac{3a}{100} = \dfrac{2b}{100} = \dfrac{60c}{100}$ bzw. $3a = 2b = 60c$,
also $a = 20c$ und $b = 30c$, folgt durch Einsetzen $20c + 30c + c = 1989$,
$51c = 1989$, $c = 39$. Deshalb gilt $a = 780$, $b = 1\,170$, $c = 39$.
Probe: 3 % von 780 = 23,4;
2 % von 1170 = 23,4;
60 % von 39 = 23,4.

16. Zunächst werden die ungeraden Zahlen 1, 3, 5, …, 999 gestrichen. Von den verbliebenen (den geraden) Zahlen werden nun die Zahlen 2, 6, 10, …, 998 gestrichen. Schließlich werden die Zahlen 4, 8, 12, …, 996 gestrichen.
Übrig bleibt die Zahl 1000.

17. a) Aus $BJ + AJ = AAC$ folgt $A = 1$ und $B = 9$.
Aus $19C : H = 9J$ folgt $H = 2$.
Aus $2 \cdot 21 = C2$ folgt $C = 4$.
Aus $9J + 1J = 114$ folgt $J = 7$.
Aus $DE - 21 = 17$ folgt $D = 3$ und $E = 8$.
Aus $194 - 38 - 1FG$ folgt $F = 5$ und $G = 6$.
Es existiert somit genau eine Lösung.

Lösungen Klassenstufe 8

b) Aus $\boxed{} + 2 + 2 = \boxed{}\boxed{3}$ folgt $9 + 2 + 2 = 13$;

aus $4 \cdot 9 : 3 + \boxed{}\boxed{0} = \boxed{3}\boxed{}$ folgt $12 + 20 = 32$; usw.

```
  4  ·  9  :  3  +  2 0  =  3 2
  8  :  2  +  3 2  -    6  =  3 0
  6  ·  2  +  1 2  :    2  =  1 8
 ─────────────────────────────────
  1 8  -  1 3  +  4 7  +  2 8  =  8 0
```

18. a) Da sämtliche Teilprodukte zweistellig sind, kann der zweite Faktor nur 111 sein. Da das Produkt auf die Ziffer 6 endet, lautet der erste Faktor 76.
Es gilt $76 \cdot 111 = 8\,436$.
b) Da die Summe $T + R + I$ auf T endet, gilt $R + I = 10$; das ist möglich für $6 + 4 = 7 + 3 = 8 + 2 = 10$.
Wegen $T + R + I = T + 10$ gilt $S = 2$.
Es gibt drei Lösungen: $999 + 666 + 444 = 2\,109$, $999 + 777 + 333 = 2\,109$, $999 + 888 + 222 = 2\,109$.
c) Zuerst erhält man $n = 0$ ($n = 5$ würde einen Übertrag liefern, Widerspruch zur Summe der Zehner); daraus folgt sofort $e = 5$. Nun muß $i = 1$ sein (wegen „$o \ne i$", $i \ne 0$, größerer Übertrag als 2 nicht möglich) und deshalb $o = 9$. Bleiben die Ziffern 2, 3, 4, 6, 7, 8.
Wegen $r + t + t + 1$ (Übertrag) $= 20 + x$ und $f + 1 = s$ kann nur $r = 7$, $t = 8$, $x = 4$ und $f = 2$, $s = 3$ gelten. Also ist $y = 6$. Es gilt:
$29\,786 + 850 + 850 = 31\,486$.

19. Bezeichnet man die aus den letzten drei Ziffern gebildete Zahl mit x, so ist die gegebene sechsstellige Zahl gleich $1000 \cdot x + x = 1001 \cdot x$. Nun ist $1001 = 7 \cdot 11 \cdot 13$, also ist auch die gegebene sechsstellige Zahl durch 7, 11 und 13 teilbar.

20. Es gilt
a) $32 \cdot 38 = 30 \cdot 40 + 2 \cdot 8$
$(30 + 2)(40 - 2) = 30 \cdot 40 + 2 \cdot 40 - 2 \cdot 30 - 2 \cdot 2$
$= 30 \cdot 40 + 2(40 - 30 - 2)$
$= \mathbf{30 \cdot 40 + 2 \cdot 8}$
b) $73 \cdot 77 = 70 \cdot 80 + 3 \cdot 7$
$(70 + 3)(80 - 3) = 70 \cdot 80 + 3 \cdot 80 - 3 \cdot 70 - 3 \cdot 3$
$= 70 \cdot 80 + 3(80 - 70 - 3)$
$= \mathbf{70 \cdot 80 + 3 \cdot 7}$
c) **Verallgemeinerung:**
$(10a + b)(10a + 10 - b) = 10a \cdot 10a + 10a \cdot 10 - 10ab + 10ab + 10b - b \cdot b$
$= 10a \cdot 10a + 10a \cdot 10 + 10b - b \cdot b$
$= \mathbf{10a(10a + 10) + b(10 - b)}$

Lösungen   **Klassenstufe 8**

21. Es gibt vier Lösungen (x; y): (5; 6), (−6; −5), (3; −4) und (−3; 4).

22. Zum Bruch $\frac{1}{10}$ werde jeweils im Zähler und Nenner eine natürliche Zahl n addiert, während im Zähler und Nenner des Bruches $\frac{1}{11}$ jeweils eine natürliche Zahl m hinzugezählt wird. Für Brüche, die in beiden Mengen vorkommen, muß $\frac{1+n}{10+n} = \frac{1+m}{11+m}$ gelten. Umgeformt ergibt dies $(1 + n) \cdot (11 + m) = (1 + m)(10 + n)$, $11 + 11n + m + nm = 10 + 10m + n + nm$, $1 + 10n = 9m$, $m = \frac{10n+1}{9}$. Da m eine natürliche Zahl ist, muß $10n + 1$ ein Vielfaches von 9 sein. Durch Probieren findet man

n	m	$\frac{1+n}{10+n}$	$\frac{1+m}{11+m}$
8	9	$\frac{9}{18} = \frac{1}{2}$	$\frac{10}{20} = \frac{1}{2}$
17	19	$\frac{18}{27} = \frac{2}{3}$	$\frac{20}{30} = \frac{2}{3}$
26	29	$\frac{27}{36} = \frac{3}{4}$	$\frac{30}{40} = \frac{3}{4}$
35	39	$\frac{36}{45} = \frac{4}{5}$	$\frac{40}{50} = \frac{4}{5}$
44	49	$\frac{45}{54} = \frac{5}{6}$	$\frac{50}{60} = \frac{5}{6}$

23. Die größere Zahl sei x, die kleinere ist dann $177 - x$. Nun gilt $\frac{x}{177-x} = 3 + \frac{9}{177-x}$. Daraus folgt $x = 3 \cdot (177 - x) + 9$, $x = 135$.
Die größere Zahl lautet 135 und die kleinere 42.

24. Multipliziert man 11 beliebig oft mit sich selbst, erhält man immer eine Zahl mit der Einerziffer 1, denn $1 \cdot 1 = 1$.
Wir bestimmen die letzte Ziffer der Potenzen von 7:
$7^2 = 7 \cdot 7 \quad = 4\mathbf{9}$
$7^3 = 49 \cdot 7 \quad = 54\mathbf{3}$
$7^4 = 543 \cdot 7 = \ldots \mathbf{1}$, denn $3 \cdot 7 = 2\mathbf{1}$
$7^5 = \ldots 1 \cdot 7 = \ldots \mathbf{7}$
$7^6 = \ldots 7 \cdot 7 = \ldots \mathbf{9}$
und stellen unsere Untersuchung in einer Tabelle zusammen (n Exponenten, z Einerziffer):

n	2	3	4	5	6	7	8
z	9	3	1	7	9	3	1

Lösungen **Klassenstufe 8**

1980 ist durch 4 teilbar, also endet 7^n (siehe Tabelle) für n = 1980 auf 1. Die Differenz der beiden Potenzen endet deshalb auf 0.

25. Aus $\frac{390}{x} = m + r$ und $\frac{313}{x} = n + r$ folgt durch Subtraktion $\frac{390}{x} - \frac{313}{x} = m - n$ bzw. $\frac{77}{x} = m - n$. Nur bei x = 1, x = 7 oder x = 11 ergibt sich ein ganzzahliger Quotient (m − n). Da der Divisor zweistellig sein soll, muß es die Zahl 11 sein.

26. In die mittlere Zeile des Quadrates gehören die Symbole 2; 1; 5 (in dieser Reihenfolge).
Begründung: Die Reihenfolge ist offensichtlich
          Kreis;   Dreieck;   Dreieck im Kreis,
mit den Symbolen 3 und 4 ergäbe sich nur eine Wiederholung der dritten Zeile bzw. schon der ersten Zeile.

27. Es sei x die Entfernung des Treffpunktes von Thingvellier, y die seit dem Start bis zum Treffen vergangene Zeit. Dann gilt
50 − x = 14y und x = 11y, also
50 = 25y,
2 = y.
Die beiden treffen sich nach 2 Stunden, also um 10 Uhr.
x = 11y; x = 22.
Beide treffen sich 22 km von Thingvellier entfernt, also in 28 km Entfernung von Reykjavik.

28. War der Kaufpreis des ersten Hundes x Mark, so erhielt Herr Schäfer beim Verkauf dieses Hundes $\frac{120}{100}$ x Mark = $\frac{6}{5}$ x Mark. Daher gilt $\frac{6}{5}$ x = 180, also x = 150.
War der Kaufpreis des zweiten Hundes y Mark, so erhielt Herr Schäfer beim Verkauf dieses Hundes $\frac{80}{100}$ y Mark = $\frac{4}{5}$ y Mark. Daher gilt $\frac{4}{5}$ y = 180, also y = 225.
Somit hatte der gesamte frühere Kaufpreis
150 Mark + 225 Mark = 375 Mark betragen. Da Herr Schäfer die Hunde für insgesamt 360 Mark weiterverkaufte, erlitt er einen Verlust von 15 Mark.

29. Da A, B, C die ersten drei Plätze belegten, sind für den Einlauf genau sechs Fälle möglich (a) bis f)).

Lösungen — Klassenstufe 8

In fünf dieser Fälle entsteht ein Widerspruch zu wenigstens einer der getroffenen Aussagen. Als einziger allen Bedingungen genügender Fall verbleibt a) mit der Reihenfolge ABC.

		Widerspruch zur Aussage
a)	ABC	./.
b)	ACB	(4)
c)	BAC	(1)
d)	BCA	(1), (4)
e)	CAB	(2)
f)	CBA	(3)

30. Anzahl der Münzen zu

10	5	3	2	Kopeken	10	5	3	2	Kopeken
2	–	–	–	Stück	–	2	–	5	Stück
1	2	–	–		–	1	5	–	
1	1	1	1		–	1	3	3	
1	–	2	2		–	1	1	6	
1	–	–	5		–	–	6	1	
–	4	–	–		–	–	–	4	
–	3	1	1		–	–	2	7	
–	2	2	2		–	–	–	10	

Es gibt also 16 Möglichkeiten, den angegebenen Betrag zu wechseln.

31. Es ist 1 Billion = 10^9. Die Kosten für jeden USA-Bürger betragen also
$$\frac{20 \cdot 10^9}{250 \cdot 10^6} = \frac{20 \cdot 10^3}{250} = 80 \text{ Dollar}.$$

32. a) Angenommen, der Schachmeister hatte insgesamt n Spiele auszutragen. In der ersten Stunde gewann er $\frac{7}{12} \cdot n$ Spiele; in der Zeit danach gewann er noch $\frac{4}{5} \cdot \frac{5}{12} \cdot n$ Spiele.

Nun gilt $\frac{7}{12} \cdot n = \frac{1}{3} \cdot n + 12$,

$7n = 4n + 144$,
$3n = 144$,
$n = 48$.

Insgesamt wurden 48 Schachpartien gespielt.

b) Der Bericht kann stimmen. Z. B., wenn je zwei Finalisten genau 7 Partien spielen und folgende Resultate eintreten:
A und B: 1 Sieg, 2 Niederlagen, 4 Remis;
A und C: 4 Siege, 3 Niederlagen;
B und C: 7 Remis.

Lösungen — Klassenstufe 8

Dann gewinnt A (1 + 4)mal = 5mal, B gewinnt (1 + 0)mal = 1mal, und C gewinnt (4 + 0)mal = 4mal. A verliert (2 + 3)mal = 5mal, B verliert (3 + 0)mal = 3mal.
Die erreichten Punkte sind dann
A: $5 + 2 = 7$,   B: $1 + 5\frac{1}{2} = 6\frac{1}{2}$ und   C: $4 + 3\frac{1}{2} = 7\frac{1}{2}$.

33. In 1 h beschreibt der kleine Zeiger einen Winkel von 30°; in 1 min beschreibt der kleine Zeiger einen Winkel von 0,5°. In 1 min beschreibt der große Zeiger einen Winkel von 6°. Nun gilt $x(6° - 0,5°) = 90°$, also $x = 16\frac{4}{11}$. Nach $16\frac{4}{11}$ Minuten bilden beide Zeiger zum ersten Mal einen rechten Winkel, wenn beide Zeiger zuvor auf die Ziffer 12 zeigten. $n \cdot 16\frac{4}{11} = 24 \cdot 60$, also $n = 88$ (dabei wurden die gestreckten Winkel mitgezählt).
Im Verlaufe von 24 Stunden bilden der Stunden- und der Minutenzeiger einer Uhr 44mal einen rechten Winkel.

34. Aus den Angaben folgt:
Nach (d) gewann D gegen B und gegen den Vorjahrssieger, d. h., nach (b), gegen A. Da ferner C nach (c) nicht gegen D gewann und nach (d) gegen D auch nicht unentschieden spielte, folgt: D ist der Turniersieger und gewann alle Spiele.
Demnach erhielt C aus dem Spiel gegen D keinen Punkt. Damit folgt aus (c), daß die Summe der Punktzahlen, die C aus den Spielen gegen A und B erreichte, gerade ist. Ferner sind diese beiden Punktzahlen nach (c) jeweils kleiner als 2. Da C aber nach (a) nicht ohne Punkte blieb, ist die einzige Möglichkeit: C spielte gegen A und B unentschieden.
Die bisher erhaltenen Aussagen lassen nur noch die Frage nach dem Ausgang des Spieles A gegen B offen. Nach (b) wurde dieses Spiel von A gewonnen.
Aus den Angaben folgen also eindeutig die nachstehenden Punktzahlen:

	Erreichte Punktzahl				Summe
	A	B	C	D	
A	✕	2	1	0	3
B	0	✕	1	0	1
C	1	1	✕	0	2
D	2	2	2	✕	6

Lösungen   Klassenstufe 8

35. Angenommen, zu Beginn des Spieles hatten András 2n, Frici 3n und János 5n Murmeln; das sind insgesamt 10n Murmeln. Angenommen, am Ende dieses Spieles hatten die Jungen m, 2m und 5m, also insgesamt 8m Murmeln. Aus $10n = 8m$ folgt $n = 4$ und $m = 5$, da m und n natürliche Zahlen sein müssen.
Daraus ergibt sich folgende Verteilung

	Anzahl der Murmeln von		
	András	Frici	János
Spielbeginn	8	12	20
Spielende	5	10	25

Während des Spiels hat Frici zwei, András drei Murmeln an János verloren.

36. Angenommen, dem Fußballklub gehören a aktive Fußballspieler und g gewöhnliche Mitglieder an; dann gilt $5a + 2g = 476$ und $a \leq 60$ und $g < 100$. Daraus folgt $5a = 476 - 2g \leq 300$, $176 \leq 2g$, $g \geq 88$. Aus $g = 88$ folgt $a = 60$; aus $g = 93$ folgt $a = 58$; aus $g = 98$ folgt $a = 56$.
Für das folgende Jahr gilt für den Maximalbeitrag
$60 \cdot 5$ Shs $+ 2 \cdot (88 + 17)$ Shs $= (300 + 210)$ Shs $= 510$ Shs.

37. Peter wiege p, Martin m und Wenzel w Kilogramm; dann gilt
$p + m = 83$, $p + w = 85$, $m + w = 88$, also $2 \cdot (p + m + w) = 256$,
$p + m + w = 128$.   Daraus folgt $w = 128 - 83 = 45$, $p = 85 - 45 = 40$,
$m = 88 - 45 = 43$.
Peter wiegt 40 kg, Martin 43 kg, Wenzel 45 kg.

38. Die Anzahl der Nur-Fußballspieler sei a. Die Anzahl der Fußball- und Basketballspieler sei b. Die Anzahl der Spieler aller drei Sportarten sei c. Die Anzahl der Fußball- und Volleyballspieler sei d. Die Anzahl der Basket- und Volleyballspieler sei e. Die Anzahl der Nichtspieler sei f.
Es sei $a + b + c + d = 90$ und damit $e + f = 10$. Ferner gilt
$b + e + c = 80$, dann ist
$b + c \geq 70$ und
$a + d + e = f \leq 30$, also auch
$d + e \leq 30$. Nun ist
$c + d + e = 70$ und schließlich
$c \geq 40$ und $c \geq 70$. Da c ein
Vielfaches von 19 ist, ergibt
sich $c = 57$, $f = 3$, $e = 7$, $b = 16$,
$d = 6$ und $a = 11$.
Es spielen 11 Mitglieder nur
Fußball.

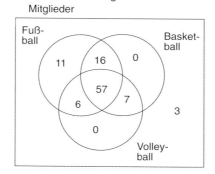

39. Der Festpreis sei x und der Proportionalitätsfaktor y; dann gilt
x + 25 · 30y = 420 und x + 20 · 10y = 145 bzw. x + 750y = 420 und
x + 200y = 145, also 550y = 275, y = $\frac{1}{2}$ und somit x = 45. Der Festpreis beträgt 45 Francs.

40. Angenommen, zu dieser Klasse gehören j Jungen und m Mädchen, dann gilt j − 1 = 5m und j = 6 · (m − 1), also 6 · (m − 1) − 1 = 5m, 6m − 7 = 5m, m = 7 und somit j = 36. Der Klasse gehören 36 Jungen und 7 Mädchen an.

41. Es gilt
A + B + C + D + E + F + G = 40
A + B +   D + E + F + G = 34
    B + C + D + E + F + G = 25
    B = 6
    D = 3 + E
    F + G = 0 .

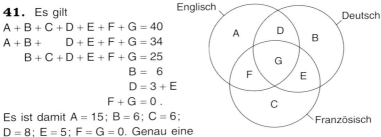

Es ist damit A = 15; B = 6; C = 6; D = 8; E = 5; F = G = 0. Genau eine Sprache lernen 27 Schüler, genau zwei Sprachen lernen 13 Schüler.

42. Wenn am ersten Tag x Schnitter bei der Arbeit waren, so gilt: Das Mähen der zweiten Wiese ist die halbe Tagesleistung von $\frac{x}{2}$ Schnittern, vermehrt um die Tagesleistung von einem Schnitter. Das Mähen der ersten Wiese ist eine doppelt so große Leistung; es ist also die Tagesleistung von $\frac{x}{2}$ Schnittern, vermehrt um die Tagesleistung von zwei Schnittern.
Andererseits war das Mähen der ersten Wiese die halbe Tagesleistung von x Schnittern, vermehrt um die halbe Tagesleistung von $\frac{x}{2}$ Schnittern. Daher gilt

$$\frac{x}{2} + 2 = \frac{1}{2} \cdot x + \frac{1}{2} \cdot \frac{x}{2}$$

$$\frac{x}{2} + 2 = \frac{3}{4} x$$

$$2 = \frac{1}{4} x$$

$$x = 8 .$$

Folglich waren am ersten Tag acht Schnitter bei der Arbeit.

43. Es seien f, h und r die Anzahlen der erlegten Fasane, Hasen und Rebhühner. Aus f : h = 7 : 15 und h : r = 3 : 2 folgt f : h : r = 7 : 15 : 10.

Lösungen Klassenstufe 8

Es sind somit insgesamt 7n + 15n + 10 = 32n Tiere; sie haben insgesamt (32n + 186) Beine.
Nun gilt 2 · 7n + 4 · 15n + 2 · 10n = 32n + 186,
62n = 186, also n = 3.
Es wurden 21 Fasane, 45 Hasen und 30 Rebhühner erlegt.

44. a) Zerschneidet man die Figur, so lassen sich die Flächen 1 und 2 jeweils zu einem Quadrat ergänzen. Das große Quadrat besteht deshalb aus fünf flächeninhaltsgleichen kleineren Quadraten. Die Fläche des schraffierten Quadrates beträgt somit 100 m² : 5 = 20 m².
b) Der Lösungsweg entspricht dem der Aufgabe 44a).
Es gilt E.

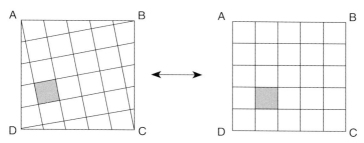

45. Angenommen, Christoph hätte den Fingerhut, dann wäre Birgits Aussage falsch, im Widerspruch zu den Spielregeln. Deshalb hat Christoph den Fingerhut nicht.
Angenommen, Birgit hätte den Fingerhut, dann wäre Anjas Aussage falsch, im Widerspruch zu den Spielregeln. Daher hat Birgit den Fingerhut auch nicht.
Folglich kann nur Anja den Fingerhut haben. Tatsächlich ist in diesem Fall Anjas Aussage falsch, und die Aussagen von Birgit und Christoph sind wahr.

46. Es sei x die Anzahl der Beine eines dreiköpfigen Drachens, a die Anzahl der Tausendfüßler und b die Anzahl der Drachen. Dann gilt:
(1) a + 3b = 26   und
(2) 40a + xb = 298.

Aus (1) folgt, daß a bei der Division durch 3 den Rest 2 läßt, also ist a = 3k + 2 mit k ∈ N. Wir erhalten mit (2) 120k + xb = 218. Offenbar kommt nur k = 0 und k = 1 in Betracht. Für k = 0 folgt a = 2, b = 8, x = 27,25.
Für k = 1 folgt a = 5, b = 7 und x = 14.
Damit hat ein dreiköpfiger Drache 14 Beine.

Lösungen **Klassenstufe 8**

47. a) Aus $\dfrac{t_1}{t_2} = \dfrac{3}{4} = \dfrac{t_1}{t_1 + 20}$ folgt $t_1 = 60$ min, also $t_2 = 80$ min und $t_3 = 100$ min. Der dritte Radfahrer trifft um 14.40 Uhr im Ort B ein.
b) Von A nach B benötigten die drei Radfahrer 60 min, 80 min bzw. 100 min.
c) $s = v \cdot t = \dfrac{4}{3} \cdot 30$ km $= 40$ km.
d) $v_1 = \dfrac{s}{t_1} = 40 \; \dfrac{\text{km}}{\text{h}}$, $\quad v_3 = \dfrac{40 \cdot 3}{5} \; \dfrac{\text{km}}{\text{h}} = 24 \; \dfrac{\text{km}}{\text{h}}$.

48. Die Geschwindigkeit des Gegenzuges sei $x \; \dfrac{\text{km}}{\text{h}}$. Dann fährt er am Reisenden des ersten Zuges mit einer Geschwindigkeit von $(60 + x) \; \dfrac{\text{km}}{\text{h}}$ vorbei. Daher fährt er in einer Zeit von $\dfrac{120}{1000\,(60 + x)}$ h vorbei. Der Reisende sah ihn 4 s lang, also gilt $\dfrac{120}{1000\,(60 + x)} = \dfrac{4}{3600}$ und damit $x = 48 \; \dfrac{\text{km}}{\text{h}}$ nach Lösen der linearen Gleichung.

49. Die größte Anzahl von Kugeln, die Ulrike unter der Bedingung herausnehmen kann, daß sich unter ihnen keine neun von gleicher Farbe befinden, beträgt 34, nämlich acht rote, acht blaue, acht schwarze, acht weiße und die beiden grünen. Nimmt sie zu diesen 34 Kugeln nun noch eine weitere heraus, dann kann diese Kugel nur eine der vier Farben rot, blau, schwarz oder weiß haben. In jedem Falle erhält Ulrike also neun Kugeln von gleicher Farbe.
Die kleinste Anzahl von Kugeln, bei denen sie es mit Sicherheit erreicht, beträgt daher 35.

50. In den 43200 Sekunden zwischen 7 Uhr und 19 Uhr wird der Zyklus „Grün – Gelb – Rot – Gelb", der insgesamt 90 Sekunden dauert, 480mal geschaltet, d. h., „Grün" wird von der Ampel auch 480mal angezeigt (43200 : 90 = 480).

51. Es sei $\overline{19xy}$ das Geburtsjahr in dezimaler Schreibweise; dann gilt
$1981 - \overline{19xy} = 1 + 9 + x + y$;
$1900 + 81 - 1900 - 10x - y = 10 + x + y$; $\quad x + y = 71 - 10x - y$;
$11x + 2y = 71$. Nur für $x = 5$ und $y = 8$ besitzt diese Gleichung eine positive ganzzahlige Lösung. Deshalb gilt
$1958 + (1 + 9 + 5 + 8) = 1958 + 23 = 1981$.
Die Person wurde im Jahre 1981 23 Jahre alt.

52. Bezeichne die Tageszahl mit x und die Monatszahl mit y. Dann ergibt sich aus der geforderten Rechnung die Summe S = 100x + 350 + y. Subtrahiert man davon 350, so ist die Differenz D = 100x + y. Damit ergibt sich aus der Ziffernfolge der Differenz die Tageszahl aus der Hunderter- und ggf. Tausender-Stelle, die Monatszahl aus der Zehner- und Einerstelle. (Für Katrins Geburtstag ergibt sich S = 2 755 und D = 2 405. Das entspricht dem 24. 5.).

53. Nach dem Lehrsatz des Pythagoras gilt
$\overline{WP}^2 = 6^2 + 8^2 = 36 + 64 = 100$, also $\overline{WP} = 10$ (LE).

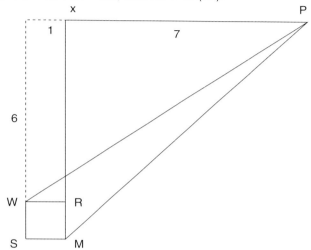

54. a) Aus $\overline{DN} : \overline{AB} = \frac{a}{2} : a = 1 : 2$ und $\overline{DN} : \overline{AB} = \overline{DQ} : \overline{BQ}$ folgt $\overline{DQ} : \overline{BQ} = 1 : 2$. Analog dazu gilt $\overline{BP} : \overline{DP} = 1 : 2$, also $\overline{BP} = \overline{PQ} = \overline{DQ}$
b) Aus △BAM ≅ △AND folgt ∢BAP ≅ ∢QAD.

55.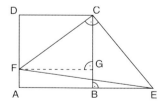

Es gilt $\overline{AB} = \sqrt{256}$ cm = 16 cm. Weiter ist △FGC ≅ △CBE (Drehung um G um 90° und anschließende Verschiebung). Also ist $\overline{FC} = \overline{CE}$, und aus der Flächeninhaltsformel $A_{FEC} = \frac{1}{2} \overline{FC} \cdot \overline{CE}$ und $A_{FEC} = 200$ cm² erhält man $\overline{FC} = \sqrt{2 \cdot 200}$ cm = 20 cm.
Aus der Kongruenz von △FGC und △CBE folgt weiter $\overline{BE} = \overline{GC}$, und es ist $\overline{GC} = \overline{FD} = \sqrt{\overline{FC}^2 - \overline{AB}^2}$. Also ist $\overline{BE} = \sqrt{20^2 - 16^2}$ cm $= \sqrt{144}$ cm = 12 cm.

Lösungen Klassenstufe 8

56. Sei a die Seitenlänge des größeren und b die des kleineren Quadrates (a, b natürliche Zahlen). Gegeben ist dann $a^2 - b^2 = 80$ bzw. $(a - b) \cdot (a + b) = 80$.
Wegen $80 = 1 \cdot 80 = 2 \cdot 40 = 4 \cdot 20 = 5 \cdot 16 = 8 \cdot 10$ existieren folgende Lösungen:

a − b	a + b	a	b	a^2	b^2	$a^2 - b^2$
2	40	21	19	441	361	80
4	20	12	8	144	64	80
8	10	9	1	81	1	80

Für die Produkte $1 \cdot 80$ und $5 \cdot 16$ existieren keine ganzzahligen Seitenlängen.

57. Es gilt $a^2 + 38 = 6{,}3^2$; $a^2 = 39{,}59 - 38$; $a^2 = 1{,}69$; $a = 1{,}3$.

58. Der Flächeninhalt A des Vierecks ABFE beträgt offenbar $\frac{25}{3}$ cm², andererseits läßt er sich berechnen über $A = 5x + \frac{5x}{2} = \frac{15}{2} x$ (cm²). Also gilt $\frac{15}{2} x = \frac{25}{3}$ bzw. $x = \frac{10}{9}$ cm.

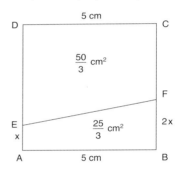

59. Es seien $\overline{AB} = a$, $\overline{BC} = b$ und $\sphericalangle DAB = \alpha$. Nun gilt $2 \cdot (a + b) = 36$ cm, also $a + b = 18$ cm. Aus $\sphericalangle MAB = \frac{1}{2} \alpha$ und $\sphericalangle ABM = 180° - \alpha$ folgt $\sphericalangle BMA = 180° - (180° - \alpha) - \frac{1}{2} \alpha = \frac{1}{2} \alpha$; darum gilt $\overline{AB} = \overline{BM}$ bzw. $a = b + 3$ cm.
Daraus folgt $a + b = 2b + 3$ cm $= 18$ cm, also $b = 7{,}5$ cm und $a = 10{,}5$ cm.

60. Die Flächeninhalte ähnlicher Dreiecke verhalten sich wie die Quadrate entsprechender Seiten. Wegen $\triangle ABM \sim \triangle MCD$ gilt $\frac{a^2}{d^2} = \frac{2}{8} = \frac{1}{4}$, also $\frac{a}{d} = \frac{1}{2}$, $d = 2a$. Also gilt für den Flächeninhalt von $\triangle ABM$ $A_1 = \frac{1}{2} \cdot 2ah_2 = 8$ und für den von $\triangle MCD$ $A_2 = \frac{1}{2} ah_1 = 2$. Daraus erhalten wir $h_2 = \frac{8}{a}$ und $h_1 = \frac{4}{a}$ und somit $h_1 + h_2 = \frac{12}{a}$. Der Flächeninhalt A_T des Trapezes ABCD beträgt also $\frac{1}{2}(2a + a) \cdot \frac{12}{a} = 18$ (FE).

Lösungen Klassenstufe 8

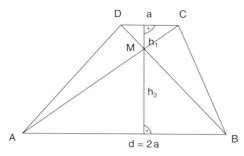

61. Die Bezeichnungen seien wie in der Skizze gewählt. Laut Aufgabenstellung beträgt das Verhältnis der Flächeninhalte der Rechtecke

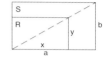

$\dfrac{A_R}{A_S} = \dfrac{xy}{ab} = \dfrac{100-36}{100} = \dfrac{64}{100}$. Wegen der Ähnlichkeit von R und S gilt

$\dfrac{x}{a} = \dfrac{y}{b}$. Damit erhält man $\left(\dfrac{x}{a}\right)^2 = \dfrac{64}{100}$ bzw. $\dfrac{x}{a} = \dfrac{8}{10} = \dfrac{y}{b}$. Also ist

$x = \dfrac{8}{10}a$ und $y = \dfrac{8}{10}b$ und damit $x + y = \dfrac{8}{10}(a+b)$.

Für das Verhältnis der Umfänge gilt nun $\dfrac{u_R}{u_S} = \dfrac{2(x+y)}{2(a+b)} = \dfrac{\frac{8}{10}(a+b)}{a+b}$

$= \dfrac{8}{10} = \dfrac{80}{100}$. Dh., u_R beträgt 80% von u_S. Der Umfang von R ist also um 20% kürzer als der von S (n = 20).

62. Wegen $c = 2 \cdot s_c$ ergibt sich auf Grund der Winkelbeziehungen folgende Konstruktion:
Wir zeichnen die Hypotenuse AB mit der Länge $c = 2 \cdot s_c$, tragen in A bzw. B die Winkel $(45° + \omega)$ bzw. $(45° - \omega)$ an; die freien Schenkel schneiden sich in C.

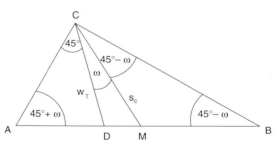

63. Dreieck BMC ist wegen $\overline{BM} = \overline{BC}$ gleichschenklig mit der Basis CM.
Mit $\sphericalangle ABC = \sphericalangle MBC = \beta$ folgt $\sphericalangle MCB = \sphericalangle BMC = 90° - \dfrac{\beta}{2}$ und damit
$\sphericalangle ACM = \sphericalangle NCM = \dfrac{\beta}{2}$, da Dreieck ABC rechtwinklig ist. Im Dreieck MHC folgt $\sphericalangle MCH = \dfrac{\beta}{2}$. Also ist im Dreieck NHC wegen $\overline{CN} = \overline{CH}$ die Gerade (CM) Winkelhalbierende des Winkels NCH und gleichzeitig Mittelsenkrechte auf NH. Damit ist auch $\overline{NM} = \overline{MH}$ und $\sphericalangle NMC = 90° - \dfrac{\beta}{2}$.
Es folgt im Dreieck MNH: $\sphericalangle MNH = \dfrac{\beta}{2}$ und $\sphericalangle HNC = 90° - \dfrac{\beta}{2}$.

Also ist $\sphericalangle MNC = 90° - \dfrac{\beta}{2} + \dfrac{\beta}{2} = 90°$.

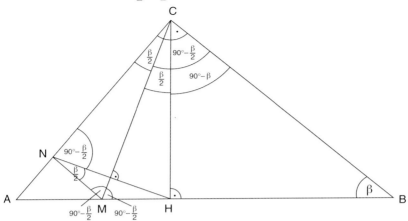

64. Wegen $\triangle DBX \sim \triangle DCY$ gilt $\overline{XB} : \overline{DB} = \overline{CY} : \overline{DB} = \overline{CY} : \overline{CD}$,

also $\overline{CY} = \dfrac{\overline{XB} \cdot \overline{CD}}{\overline{DB}}$. Ferner gilt

$\overline{CD} : \overline{DB} = \overline{CX} : \overline{XB}$,

also $\overline{CX} = \dfrac{\overline{XB} \cdot \overline{CD}}{\overline{DB}}$

und somit $\overline{CX} = \overline{CY}$.

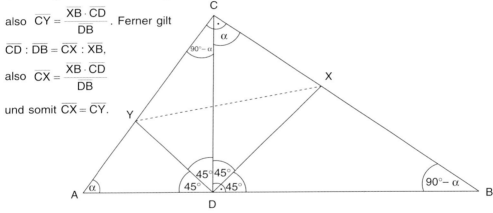

65. a) 1) $4^3 = 64$ kleine Würfel entstehen.
2) 8 kleine Würfel haben keine,
24 kleine Würfel haben genau eine,
24 kleine Würfel haben genau zwei,
8 kleine Würfel haben genau drei rote Fläche(n).
3) $(24 + 24 \cdot 2 + 8 \cdot 3)$ cm^2 = 96 cm^2.
b) $V_{\text{Restkörper}} = V_{\text{Würfel}} - (4 V_{\text{Eckpyr.}} - 4 V_{\text{Innenpyr.}})$

$$= a^3 - \left(4 \cdot \dfrac{1}{3} \cdot \dfrac{a^2}{8} \cdot a + 4 \cdot \dfrac{1}{3} \cdot \dfrac{a^2}{4} \cdot a\right)$$

$$= a^3 - \dfrac{a^3}{2} = \dfrac{a^3}{2}.$$

66. a) Weil insgesamt drei weiße und zwei rote Marterpfähle vorhanden waren, konnten bei der Anordnung der „besetzten" Marterpfähle folgende Kombinationen entstehen:

N	C_3	C_2	C_1
1	w	w	w
2	w	w	r
3	w	r	w
4	r	w	w
5	w	r	r
6	r	w	r
7	r	r	w

Es bedeuten N die Nummer der Kombination, w und r die Farben weiß und rot der Marterpfähle, C_1, C_2 und C_3 die Beziehungen für die Cowboys.

C_3 sieht nur die Marterpfähle von C_2 und C_1, C_2 nur den Marterpfahl von C_1, und C_1 sieht keinen Marterpfahl.

C_3 kann die Farbe seines Marterpfahles nicht angeben, also scheidet Fall 5 aus. C_2 weiß also, (w, r, r) kann nicht vorliegen.
Würde er einen roten Pfahl sehen, so wüßte er, daß sein eigener weiß ist (Fälle 2 und 6). Da er aber die gleiche Antwort wie C_3 gibt, liegen die Fälle 2 oder 6 nicht vor, und der Pfahl, den er sieht, muß weiß sein.
Diese Überlegungen hat auch C_1 gemacht, der ja beide Antworten gehört hat. Er konnte also sagen „mein Pfahl ist weiß", und die drei Cowboys kommen frei.

b) Der kürzeste Weg vom Tipi T zum Flußufer h ist das Lot TP von T auf h.
Nun muß der kürzeste Weg von P über den Waldrand (also über einen Punkt Q auf g) zurück nach T gefunden werden.
Es sei T′ der Spiegelpunkt von T bezüglich g. Dann gilt $\overline{QT} = \overline{QT'}$ (und zwar für alle möglichen Q auf g, siehe Skizze). Der Weg des Indianers von P nach T über Q ist also immer genauso lang wie der von P nach T′ über Q. Die kürzeste Verbindung von P nach T′ ist nun aber der **direkte** (gerade) Weg. Also ist der Schnittpunkt der Geraden (PT′) mit g der Punkt Q*, der als Punkt zum Holzsammeln den insgesamt kürzesten Weg liefert.

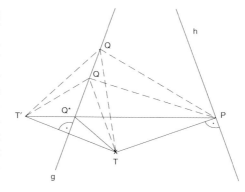

Lösungen zu

KLASSENSTUFE 9

66 Olympiadeaufgaben

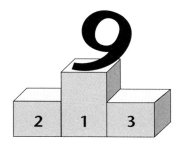

Lösungen — Klassenstufe 9

1. Es sei $\overline{abc}$ eine dreistellige Dezimalzahl; dann gilt
$\overline{abc} \cdot 11 \cdot 91 = 1001 \cdot \overline{abc} = 1000 \cdot \overline{abc} + 1 \cdot \overline{abc} = \overline{abcabc}$.

2. $x = 24, y = 2$; denn $x + y = 24 + 2 = 26$, $x - y = 24 - 2 = 22$,
$x \cdot y = 24 \cdot 2 = 48$, $x : y = 24 : 2 = 12$.

3. Es gilt $\dfrac{a}{6} + \dfrac{b}{6^2} + \dfrac{c}{6^3} + \dfrac{d}{6^4} = \dfrac{17 \cdot 23 \cdot 23}{17 \cdot 23 \cdot 81} = \dfrac{23}{81}$,

$a \cdot 6^3 + b \cdot 6^2 + c \cdot 6 + d = \dfrac{23 \cdot 6^4}{81} = \dfrac{23 \cdot 81 \cdot 16}{81} = 368 = 122 \cdot 3 + 2$.

Deshalb muß d gerade sein und bei Division durch 3 den Rest 2 lassen.
Also gilt $d = 2$ und somit $a \cdot 6^3 + b \cdot 6^2 + c \cdot 6 = 366$, $36a + 6b + c = 61$.
Für $c = 1$ gilt $36a + 6b = 60$, $6a + b = 10$, also $a = 1$ und $b = 4$; für $c = 2$,
3, 4 und 5 hat die Gleichung keine Lösung $(a;b)$ mit $a, b \in \{1, 2, 3, 4, 5\}$.
Ergebnis: $a = 1, b = 4, c = 1, d = 2$.

4. Es ist möglich. Die beiden einzigen Möglichkeiten sind (man beginnt
z. B. mit $b = 12$ und führt eine vollständige Fallunterscheidung durch):
$2 - 12 - 7 - 3 - 5 - 4 - 11 - 1 - 6 - 10 - 9 - 8$
$6 - 12 - 11 - 9 - 5 - 10 - 7 - 1 - 2 - 4 - 3 - 8$

5. Beispiel:
Gegeben seien die Zahlen 7 und 8; dann gilt
$6 \cdot 8 + 6 = 7 \cdot 9 - 9$, denn $54 = 54$.
Die gegebenen Zahlen seien n und $n + 1$ ($n \in \mathbb{N}, n \neq 0$).
Behauptung: $(n - 1)(n + 1) + (n - 1) = n(n + 2) - (n + 2)$
Beweis:
Mit Sicherheit ist $(n - 1) \cdot (n + 2) = (n - 1) \cdot (n + 2)$. Durch geschicktes
Umformen erhält man daraus $(n - 1) \cdot [(n + 1) + 1] = (n + 2) \cdot (n - 1)$ bzw.
$(n - 1) \cdot (n + 1) + (n - 1) = n \cdot (n + 2) - (n + 2)$.

6. Seien a, b, c, d die Ziffern der gesuchten Zahl. Die Bedingung der
Aufgabe lautet dann
$1000a + 100b + 10c + d + a + b + c + d + a + d = 5900$ bzw.
$1002a + 101b + 11c + 3d = 5900$.
Es folgt, daß a höchstens den Wert 5 hat. Angenommen, $a = 4$. Dann ist
$101b + 11c + 2d = 1892$. Das ist aber nicht möglich, selbst wenn
$b = c = d = 9$. a kann damit erst recht nicht kleiner als 4 sein. Also $a = 5$.
Damit gilt $101b + 11c + 3d = 890$.
Es folgt nun, daß b höchstens den Wert 8 haben kann. Wie oben sieht
man, daß b auch nicht kleiner als 8 sein kann, da $11c + 2d$ nicht mehr
den Rest ausmachen kann.
Damit gilt $11c + 3d = 82$. c kann höchstens den Wert 7 haben.
Aus $c = 7$ folgt $3d = 5$, also $d \notin \mathbb{N}$.

Lösungen — Klassenstufe 9

Wenn $c = 6$, dann wäre $3d = 16$, also $d \notin \mathbb{N}$.
Wenn $c = 5$, dann wäre $3d = 27$, also $d = 9$.
c kann aber nicht kleiner als 5 sein, da sonst $d > 9$.
Es gibt nur eine Zahl, die die Bedingung erfüllt, nämlich 5859.

7. Wir klammern aus und erhalten
$N = 3^{9+2} 4^{9+2} \cdot (4 + 3) = 7 \cdot 9 \cdot 3^9 \cdot 4^{11}$.
Wegen $7 \cdot 9 = 63$ ist die Zahl N durch 63 teilbar.

8. Für natürliche Zahlen n endet 3^{4n+1} auf die Ziffer 3. Wegen $53 = 4 \cdot 13 + 1$ und $33 = 4 \cdot 8 + 1$ endet sowohl 53^{53} als auch 33^{33} auf die Ziffer 3, ihre Differenz also auf die Ziffer Null. Damit ist sie durch 10 teilbar.

9. Es ist einerseits $(a + b)^2 = a^2 + b^2 + 2ab = 1$ und andererseits $a^2 + b^2 + 2ab = 2 + 2ab$, also $1 = 2 + 2ab$ bzw. $ab = -\frac{1}{2}$. Damit gilt
$a^4 + b^4 = (a^2 + b^2)^2 - 2a^2b^2 = 2^2 - 2\left(-\frac{1}{2}\right)^2 = \frac{7}{2}$.

10. a) Am Ende des Ergebnisses tritt die Ziffer 0 auf, also endet der erste Faktor auf 5 oder 0. Aus der Ziffer 7 und der Multiplikation mit 2 erhalten wir, daß die erste Ziffer des ersten Faktors eine 3 ist. Aus dem zweiten Teilprodukt ergibt sich, daß die zweite Ziffer des zweiten Faktors gleich 1 ist. Daher ist der erste Faktor 385 oder 380 und der zweite 412

a)
```
 385 · 412    oder    380 · 412        b)  1089708 : 12 = 90809
 770                  760                  108
 385                  380                  097
1540                 1520                   96
158620              156560                  108
                                            108
                                              0
```

Durch systematisches Probieren findet man

c)
```
7744
 729
  49
   4
```

d) $\dfrac{15 \cdot 4}{60} \quad \dfrac{29 \cdot 3}{87}$.

e) Es gilt $3 \cdot 7 \cdot 37 = 777$.

11. Es ist $8 > 7$, $\sqrt[3]{8} = 2 > \sqrt[3]{7}$, $2 + \sqrt[3]{7} > 2\sqrt[3]{7} = \sqrt[3]{56}$.

12. a) Man überlegt sich zunächst
$1023 \leq D^A = \text{HANS} \leq 9876$.
Weil $2^9 = 512 < 1023$ ist, kann nur
$D \geq 3$ zutreffen.

Lösungen Klassenstufe 9

Nun ist
$3^6 = 729 < 1023 < 3^7 = 2187 < 3^8 = 9^4 = 6561 < 9876 < 3^9 = 19683$
$4^4 = 256 < 1023 < 4^5 = 1024 < 4^6 = 4096 < 9876 < 4^7 = 16384$
$5^4 = 625 < 1023 < 5^5 = 3125 < 9876 < 5^6 = 15625$
$6^3 = 216 < 1023 < 6^4 = 1296 < 6^5 = 7776 < 9876 < 6^6 = 46656$
$7^3 = 343 < 1023 < 7^4 = 2401 < 9876 < 7^5 = 16807$
$8^3 = 512 < 1023 < 8^4 = 4096 < 9876 < 8^5 = 32768$
$9^3 = 729 < 1023 < 9^4 = 6561 < 9876 < 9^5 = 59049$

Von den in Betracht kommenden Potenzen genügt nur
$7^4 = 2401$
allen Bedingungen der Aufgabe. Deshalb erhält man
$A = 4$, $\quad D = 7$, $\quad H = 2$, $\quad N = 0$, $\quad S = 1$.
Wie die Betrachtung zeigt, gibt es nur diese Lösung der Aufgabe.

b) Aufgrund der Aufgabenstellung gilt $10 \leqq AR \leqq 98$.
Da aber $2^{10} = 1024$ und $3^{10} = 59049$ ist, kann nur $R = 2$ zutreffen. Nun ist 2^{32} nicht möglich, denn der Potenzwert hat mehr als vier Dezimalstellen. Deshalb kommt nur $2^{12} = 4096$ als Lösung in Betracht. Tatsächlich genügt diese allen Bedingungen der Aufgabe. Somit ist also
$A = 1$, $\quad E = 6$, $\quad I = 4$, $\quad L = 0$, $\quad R = 2$, $\quad S = 9$.

13. a) Aus $x^2 - y^2 = 1981$ folgt $(x - y) \cdot (x + y) = 1 \cdot 7 \cdot 283$. Da 7 und 283 Primzahlen sind, existiert keine weitere Zerlegung in Faktoren. Aus $x - y = 1$ und $x + y = 1981$ folgt $x = 991$ und $y = 990$. Aus $x - y = 7$ und $x + y = 283$ folgt $x = 145$ und $y = 138$. Damit haben genau die Paare $(991; 990)$ und $(145; 138)$ die verlangte Eigenschaft.

b) Aus $x^3 - 3y = 2$ folgt $3y = x^3 - 2$. Für ganzzahlige Lösungen muß $x^3 - 2$ Vielfaches von 3 sein; das trifft zu für $x = 3k + 2$ für natürliche Zahlen k. Daraus folgt
$3y = (3k + 2)^3 - 2$, $\quad 3y = 27k^3 + 54k^2 + 36k + 8 - 2$,
$y = 9k^3 + 18k^2 + 12k + 2$.

Beispiele:

k	x	y
0	2	2
1	5	41
2	8	170
.	.	.
.	.	.

c) Aus $3a^2 + 2ab + 3b^2 = 664$ folgt $a = -\dfrac{b}{3} + \dfrac{2}{3} \cdot \sqrt{2 \cdot (249 - b^2)}$.
Die Paare $(7; 11)$ und $(11; 7)$ sind die einzigen Lösungen mit der gewünschten Eigenschaft $(a, b \in \mathbb{N})$.

Lösungen   Klassenstufe 9

d) Wegen $2x^2 + 5xy - 12y^2 - 2x + 3y = 1$ gilt $(2x - 3y) \cdot (x + 4y - 1) = 1$.
Falls x und y ganze Zahlen sind, so folgt daraus
1) $2x - 3y = 1$ und $x + 4y - 1 = 1$, also $x = \dfrac{10}{11}$ und $y = \dfrac{3}{11}$
oder
2) $2x - 3y = -1$ und $x + 4y - 1 = -1$, also $x = -\dfrac{4}{11}$ und $y = \dfrac{1}{11}$.
Beides steht im Widerspruch zur Annahme, daß x und y ganzzahlig sind.
Folglich besitzt diese Gleichung keine ganzzahligen Lösungen.

14. In Gleichung (1) kann es sich nur um eine Vervielfachung handeln. Gleichung (3) könnte eine Multiplikation oder eine Division sein, wegen (1) ist es eine Division. Gleichung (2) kann dann nur eine Subtraktion und folglich (4) nur eine Addition sein.
Man beginnt nun mit Gleichung (3). Sie könnte $444 : 2 = 222$ oder $999 : 3 = 333$ lauten, also (c = 4 und f = 2) oder (c = 9 und f = 3). Wegen (2) muß c = 9 und f = 3 sein (Schritt über die Zahl 1000). Also lautet (2) adde $-9 = 999$, und es ist adde = 1008, also a = 1, d = 0, e = 8.
Aus (1) wird nun $11b \cdot 9 = 1008$, $11b = 112$, b = 2. (4) lautet damit $333 + g = 3h0$, daraus folgt g = 7, h = 4. Die vier Gleichungen lauten also
(1) $\quad 112 \cdot 9 = 1008$
(2) $\quad 1008 - 9 = 999$
(3) $\quad 999 : 3 = 333$
(4) $\quad 333 + 7 = 340$.

15. Wegen $x^2 + px + q = (x - x_1) \cdot (x - x_2)$ gilt in diesem speziellen Fall $1 \leq p \leq 9$, $q = -11, -21, -31, \ldots, -91$, $x_1 < -10$ und $1 \leq x_2 \leq 9$, $p, x_1, x_2 \in \mathbb{Z}$. Daraus folgt $x^2 + 6x - 91 = (x + 13) \cdot (x - 7)$.

16. Durch Einsetzen der Koordinaten von P_1 und P_2 ergeben sich die beiden Gleichungen
$2 = 18 + 3b + e$
$12 = 8 - 2b + e$.
Als Lösung des Gleichungssystems erhält man $b = -4$ und $e = -4$.

17. Aus den Voraussetzungen folgt $a^b = a^{9a} = (a^9)^a = b^a$, also $b = a^9$. Andererseits ist $b = 9a$, also gilt $a^9 = 9a$ bzw. $a^8 = 9$. Daraus ergibt sich $a = \sqrt[4]{3}$.

18. Aus $A \cdot B = C + D$ folgt $B = \dfrac{C + D}{A}$; aus $B \cdot D = A + C$ folgt $B = \dfrac{A + C}{D}$, also $\dfrac{A + C}{D} = \dfrac{C + D}{A}$ bzw. $A^2 + A \cdot C = D^2 + C \cdot D$.

Lösungen   Klassenstufe 9

Man erhält weiter:
$A^2 - D^2 + A \cdot C - C \cdot D = 0$,
$(A - D) \cdot (A + D) + C \cdot (A - D) = 0$,
$(A - D) \cdot (A + C + D) = 0$.
Da A, B, C, D Ziffern ($\neq 0$) sind, folgt $A - D = 0$ und somit $A = D$.
Aus $A \cdot C \cdot D = (A + D)^3$ erhält man nun $A^2C = (2A)^3 = 8A^3$, $C = 8A$.
Da A, C Ziffern sind, kann nur $A = 1$ und $C = 8$ gelten. Aus
$B = \dfrac{C + D}{A} = \dfrac{8 + D}{1} = 8 + D$ folgt analog $D = 1$ und $B = 9$.
Damit ist 1981 die einzige Zahl, die die genannten Bedingungen erfüllt.

19. Aus $\dfrac{n \cdot (n + 1)}{2} = 111 \cdot k$ folgt $n \cdot (n + 1) = 2 \cdot 3 \cdot 37 \cdot k$. Für $k = 6$ gilt $n \cdot (n + 1) = 36 \cdot 37$, also $n = 36$.
Die Zahl lautet $\dfrac{36 \cdot 37}{2} = 18 \cdot 37 = 666$.

20. Wir zerlegen 2340 in Primfaktoren. Es ist $2340 = 2 \cdot 2 \cdot 3 \cdot 3 \cdot 5 \cdot 13$. Darunter gibt es die Primzahl 13, die weder eine Ziffer noch das Produkt von Ziffern ist.
Daher gibt es keine Zahl, für die das Produkt dieser Grundziffern 2340 ist.

21. Für jede natürliche Zahl n endet $2^{4 \cdot (n + 1)}$ auf die Ziffer 6. Wegen $4 \cdot (n + 1) = 100$ gilt $n = 24$. Somit bleibt 1 als Rest.

22. Wegen $4 \cdot 5 < 100$ kommt in der Divisionsaufgabe $a : b = c$ keine dreistellige natürliche Zahl vor.
Da jede der fünf Ziffern 1, 2, 3, 4, 5 genau einmal verwendet werden soll, kommen in der Divisionsaufgabe zwei zweistellige und eine einstellige Zahl vor.
Durch systematisches Probieren erhält man genau zwei Tripel (a; b; c) natürlicher Zahlen, die diesen Anforderungen genügen; sie lauten (52; 13; 4) und (52; 4; 13).

23. a) Es gilt
$\dfrac{\sqrt{1} - \sqrt{0}}{1} + \dfrac{\sqrt{2} - \sqrt{1}}{1} + \dfrac{\sqrt{3} - \sqrt{2}}{1} + \ldots + \dfrac{\sqrt{99} - \sqrt{98}}{1} + \dfrac{\sqrt{100} - \sqrt{99}}{1}$
$= \sqrt{100} = 10$. Der Wert der Summe ist 10.

Lösungen Klassenstufe 9

b) Offenbar muß gelten $\sqrt{b} \leq a \leq b$; es folgt nun aus
$\sqrt{a - \sqrt{b}} = \sqrt{b} - \sqrt{a}$ $a - \sqrt{b} = b - 2\sqrt{ab} + a$ bzw. $2\sqrt{ab} = b + \sqrt{b}$,
also $a = \frac{1}{4}(1 + \sqrt{b})^2$; . Daraus erhält man

a	1	4	9	16	25
b	1	9	25	49	81

.

Die Anzahl der Paare (a; b) natürlicher Zahlen mit $0 < a < 100$, $0 < b < 100$ und $\sqrt{a - \sqrt{b}} = \sqrt{b} - \sqrt{a}$ ist also 5.

24. a)

b)

22	3	29	2	28
1	■	4	■	6
16	11	5	25	27
30	■	26	■	9
15	12	20	23	14

25. Sei (a; b; c) das gesuchte Tripel. Offenbar gilt a, b, c ≠ 0. Aus $a + bc = b + ac$ folgt $a - ac = b - bc$, $a \cdot (1 - c) = b \cdot (1 - c)$, $a = b$, also $a = b$ oder $c = 1$. Davon ausgehend ergeben sich mit $a + bc = c + ab$ die Lösungsmöglichkeiten (?; 1; 1), (1; ?; 1), (1; 1; ?) und (a; a; a). Mit $a + bc = 2$ erhält man die beiden Lösungen (1; 1; 1) und (−2; −2; −2).

26. Es sei $\overline{abcd}$ die vierstellige Ausgangszahl. Dann muß $\overline{abcd} + \overline{dcba} = 9999$ gelten, wobei a, d ≠ 0 sind.
Also ist
$1000a + 100b + 10c + d + 1000d + 100c + 10b + a = 1001(a + d) + 110(b + c)$
$ = 9999$,
$91(a + d) + 10(b + c) = 909$.
Die Zahl $10(b + c)$ endet auf Null. Damit $91(a + d)$ auf 9 endet, muß wegen $2 \leq a + d \leq 18$ notwendig $a + d = 9$ gelten. Hieraus folgt weiter $10(b + c) = 909 - 91 \cdot 9$, $10(b + c) = 90$, $b + c = 9$. Die erste Gleichung wird von genau 8 Paaren (a; d) und unabhängig davon die zweite Gleichung von genau 10 Paaren (b; d) erfüllt. Also gibt es genau $8 \cdot 10 = 80$ derartige Zahlen.

Lösungen Klassenstufe 9

27.

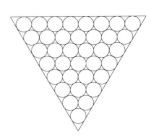

1. Schicht: 1 + 2 + 3 + 4 + 5 + 6 + 7 + 8 = 36
2. Schicht: 1 + 2 + 3 + 4 + 5 + 6 + 7   = 28
3. Schicht: 1 + 2 + 3 + 4 + 5 + 6   = 21
4. Schicht: 1 + 2 + 3 + 4 + 5   = 15
5. Schicht: 1 + 2 + 3 + 4   = 10
6. Schicht: 1 + 2 + 3   = 6
7. Schicht: 1 + 2   = 3
8. Schicht: 1   = 1

Summe   120

Es waren 120 Bälle aufgeschichtet.

28. Die Versandkosten betrugen $(19{,}2 - 7 - 9)\,£ = 3{,}2\,£$. Wegen $7 + 9 = 16$ hat Boris an Versandkosten $\frac{9}{16} \cdot 3{,}2\,£ = 1{,}8\,£$, insgesamt also $(9 + 1{,}8)\,£ = 10{,}8\,£$ an Albert zu zahlen. Nun gilt $19{,}2 : 10{,}8 = 1152 : x$, also $x = 648$. Boris schuldet Albert 648 Francs.

29. a) Es sei t die Zeitspanne zwischen Start und 7.40 Uhr (gemessen in Minuten). x sei die Entfernung zwischen A und dem Treffpunkt der Autos, y die zwischen B und dem Treffpunkt. v_A sei die Geschwindigkeit des Autos aus A, v_B die des Autos aus B. Dann gilt $x = v_A \cdot t$, $y = v_B \cdot t$ und $x + y = v_A(t + 200) = v_B(t + 50)$. Durch Einsetzen der beiden ersten Beziehungen in die dritte ergibt sich:
$v_A \cdot t + v_B \cdot t = v_A(t + 200) = v_B(t + 50)$ und weiter $v_B \cdot t = 200 \cdot v_A$ und $v_A \cdot t = 50 v_B$ bzw. $\frac{v_A}{v_B} = \frac{t}{200}$ und $\frac{v_A}{v_B} = \frac{50}{t}$. Daraus folgt $\frac{t}{200} = \frac{50}{t}$ bzw. $t^2 = 50 \cdot 200$, also $t = 100$. Der Start vollzog sich um 6.00 Uhr.

b) $v_R = 15\,\frac{km}{h}$, $s_R = x$ km, $t_R = \frac{x}{15}$ h;

$v_F = 10\,\frac{km}{h}$, $s_F = (x - 5)$ km, $t_F = \frac{x-5}{10}$ h.

Nun gilt $\quad \frac{x-5}{10} = \frac{x}{15} + \frac{4}{3}$,

$\quad\quad\quad 3 \cdot (x - 5) = 2x + 40$,

$\quad\quad\quad x = 55$.

Also $\overline{AC} = 55$ km und $\overline{BC} = 50$ km.

Ferner gilt $\quad s_R - 5 = s_F$,

$\quad\quad\quad v_R \cdot t_R - 5 = v_F \cdot t_F$,

$\quad\quad\quad 15 t_R - 5 = 10 \cdot (t_R + 1)$,

$\quad\quad\quad 5 t_R = 15$,   also $t_R = 3$.

Lösungen — Klassenstufe 9

Nach 3 Stunden überholte der Radfahrer das Pferdefuhrwerk.

$s = v \cdot t = 15 \frac{km}{h} \cdot 3 h = 45 km$.

Der Radfahrer überholte das Pferdefuhrwerk 10 km vom Ort C entfernt.

30. Es sei x die Eigengeschwindigkeit des Schiffes in stehendem Wasser und y die Geschwindigkeit des Wassers der Donau.
Wegen $s = v \cdot t$ gilt
$$60 = 4(x - y)$$
$$60 = 3(x + y).$$
Daraus folgt weiter
$$x - y = 15$$
$$x + y = 20,$$
$2x = 35$, also $x = 17{,}5$ und $y = 2{,}5$.
Die Eigengeschwindigkeit des Schiffes in stehendem Wasser beträgt $17{,}5 \frac{km}{h}$; die Geschwindigkeit des Wassers der Donau beträgt $2{,}5 \frac{km}{h}$.

31. Der Swimmingpool werde unter Verwendung aller vier Rohre in x Tagen gefüllt. Dann gilt
$$\frac{x}{2} + \frac{x}{3} + \frac{x}{4} + \frac{x}{6} = 1, \quad \text{also} \quad x = \frac{4}{5}.$$
Die Füllzeit x beträgt $\frac{4}{5}$ Tage.

32. Angenommen, der Spieler, der den 1. Platz belegte, habe 10 Punkte erreicht, der Spieler, der den 2. Platz belegte, habe x Punkte erreicht; dann hat der Spieler, der den 3. Platz belegte, $(10 + x) - 10 = x$ Punkte erreicht. Das führt zum Widerspruch, da alle Spieler verschiedene Punktzahlen erzielten. Deshalb hat der Spieler, der den 1. Platz belegte, höchstens 9 Punkte erreicht. Da es 10 Spieler waren und $\frac{10 \cdot 9}{2} = 45$ Punkte insgesamt vergeben wurden, ist nur genau eine Punktverteilung möglich:
0, 1, 2, 3, 4, 5, 6, 7, 8, 9.
Die Punktzahlen der Spieler, die die ersten sechs Plätze belegten, lauten somit 9, 8, 7, 6, 5 und 4.

33. a) Sei x die Länge des Blütenstengels.
Dann gilt $(x - 4)^2 + 16^2 = x^2$
$$x = 34$$
Der Teich ist $(34 - 4) = 30$ Fuß tief.

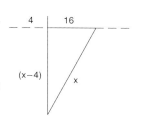

b) In jeweils 24 Stunden klettert die Maus um
$$\frac{1}{2} \text{Elle} - \frac{1}{6} \text{Elle} = \frac{1}{3} \text{Elle}$$
nach unten, die Katze um
$$1 \text{Elle} - \frac{1}{4} \text{Elle} = \frac{3}{4} \text{Ellen}$$
nach oben.

Die Tiere kommen sich also um

$$\frac{3}{4} \text{ Ellen} + \frac{1}{3} \text{ Elle} = \frac{13}{12} \text{ Ellen}$$

näher. Das gilt aber für den Tag der Begegnung nicht, hier entfällt das nächtliche Zurückweichen. Am letzten Tag kommen sich die Tiere bis zu ihrem Treffen um maximal

$$1 \text{ Elle} + \frac{1}{2} \text{ Elle} = \frac{3}{2} \text{ Ellen}$$

näher. Wenn sich Katze und Maus am x-ten Tag treffen, so gilt

$$(x-1)\frac{13}{12} + \frac{3}{2} \geq 60, \quad \text{d. h.} \quad x \geq 55.$$

Die Katze erreicht die Maus am 55. Tag.

c) Durch sinnvolles Probieren ermittelt man $x = 44$; es gilt $x^2 = 1936$, also $1936 - 44 = 1892$.
Der Mathematiker Stefan Banach wurde im Jahre 1892 geboren.

34. Die Personen seien a, b bzw. c Jahre alt; dann gilt $a \cdot b \cdot c = 2450$ und $a \cdot b = 2c$ und $b - a < 8$. Daraus folgt $2c^2 = 2450$, $c^2 = 1225$, $c = 35$ und somit $a \cdot b = 70 = 1 \cdot 70 = 2 \cdot 35 = 5 \cdot 14 = 7 \cdot 10$. Nur für $a = 7$ und $b = 10$ ist $b < a + 8$.
Fassil ist $(7 + 10 + 35) : 2 = 26$ Jahre alt.

35. Die Aussagen von Daniel und Bernard sind genau entgegengesetzt zueinander; also ist eine dieser Aussagen wahr und die andere falsch. Mithin sind die Aussagen von Alain und Charles falsch. Also ist Charles der Täter.

36. Aus (4) folgt: Wegen $260 : 65 = 4$ hat der Schüler bzw. die Schülerin aus der 4. Klasse die Punktzahl 65 erreicht.
Aus (3) folgt: Der Schüler bzw. die Schülerin aus der 3. Klasse hat die Punktzahl 70 erreicht.
Aus (4) folgt: Wegen $3 \cdot 70 = 210 < 260$, $4 \cdot 65 = 260$, $5 \cdot 55 = 275 > 260$ ist Albert entweder Schüler der 5. Klasse oder der 6. Klasse bzw. Hawks gehört entweder zur 6. oder zur 5. Klasse.
Aus (1) folgt: Grant gehört zur 6. Klasse, Hawks zur 5. Klasse; deshalb hat Grant den Vornamen Albert.
Aus (5) folgt: Bertram heißt nicht Edwards; Denise heißt nicht Hawks.
Aus (2) folgt: Da die beiden Schüler oder Schülerinnen aus den Klassen 5 und 6 zusammen $60 + 55 = 115$ Punkte erreichten, können es nicht zwei Jungen sein, denn $115 < 65 + 70 = 135$. Folglich besucht ein Mädchen Klasse 5. Das kann nur Carol sein; sie hat also den Nachnamen Hawks.
Folglich heißt Bertram mit Nachnamen Ford, Denis Edwards. Wegen (2) fallen auf Bertram 70, auf Denise 65 Punkte. Folglich ist Bertram aus Klasse 3, Denise aus Klasse 4.

Lösungen　　　　　　　Klassenstufe 9

37. Es waren x Fische und y Tische. Dann gilt

$$y + 1 = x \qquad (1)$$
$$2 \cdot (y - 1) = x \qquad (2)$$

Daraus folgt
$y - 1 = 2 \cdot (y - 1)$ und damit $y = 3$ und $x = 4$.
Es waren 4 Fische und 3 Tische.

38. Von der aus 23 Gliedern bestehenden offenen Kette sind das vierte und das elfte Glied in der Mitte durchzuzwicken. Die beiden halben Glieder bilden dann jeweils ein Glied. Wir erhalten ferner drei zusammenhängende, sechs zusammenhängende und weitere zwölf zusammenhängende Glieder. Nun gilt:

$1 = 1$; $2 = 1 + 1$; $3 = 3$; $4 = 3 + 1$; $5 = 3 + 2 \cdot 1$; $6 = 6$; $7 = 6 + 1$; $8 = 6 + 2$; $9 = 6 + 3$; $10 = 6 + 3 + 1$; $11 = 6 + 3 + 2 \cdot 1$; $12 = 12$; $13 = 12 + 1$; $14 = 12 + 2 \cdot 1$; $15 = 12 + 3$; $16 = 12 + 3 + 1$; $17 = 12 + 3 + 2 \cdot 1$; $18 = 12 + 6$; $19 = 12 + 6 + 1$; $20 = 12 + 6 + 2 \cdot 1$; $21 = 12 + 6 + 3$; $22 = 12 + 6 + 3 + 1$; $23 = 12 + 6 + 3 + 2 \cdot 1$.

Es können also 1 bis 23 Glieder dieser Kette als Wägestücke benutzt werden.

39. Die zu multiplizierenden Zahlen seien $100 - a$ und $100 - b$, $0 < a, b < 10$. Nach Pataki erhält man
(1) $(100 - a) + (100 - b) = 200 - a - b$.
(2) Die Streichung der ersten Stelle entspricht der Subtraktion von 100: $(200 - a - b) - 100 = 100 - a - b$.
(3) Man erhält $a \cdot b$.
(4) $100 \cdot (100 - a - b) + a \cdot b = 100 \cdot (100 - a) - b \cdot (100 - a)$
$\qquad = (100 - a) \cdot (100 - b)$.

Diese Methode ist also für alle Faktoren zwischen 90 und 100 gültig.

40. Da die Vermutung ADBC des Sportlehrers in zwei Fällen mit dem wirklichen Einlauf übereinstimmte, gibt es keine anderen als die folgenden Möglichkeiten:

1. ADCB
2. ACBD
3. ABDC
4. CDBA
5. BDAC
6. DABC.

Die Fälle 1, 2 und 4 scheiden wegen der Unrichtigkeit der ersten Vermutung aus; denn sie enthalten als Paar unmittelbar aufeinanderfolgender Läufer CB bzw. BA. Die Einläufe 3 und 5 sind ebenfalls nicht möglich, da dort B an zweiter bzw. A an dritter Stelle ins Ziel kommen würde, wie es in der ersten Vermutung auch angenommen war.

Lösungen   **Klassenstufe 9**

Die Läufer gingen also in der Reihenfolge DABC ins Ziel, da in diesem Falle alle Bedingungen der Aufgabe erfüllt sind.

41.

Person	Alter (in Jahren)
jüngster Matrose	x
Steuermann	$2x$
Maschinist	$2x - 6$
2. Matrose	20
1. Matrose	24, und es gilt $x + y = 2x - 6 - y = 24$ (*)
Kapitän	z

Aus (*) folgt $x + y = 24$
$2x - y = 30$
und daraus $3x = 54$, $x = 18$ ($y = 6$ ist unwesentlich). Also sind der Steuermann 36 und der Maschinist 30 Jahre alt. Für das Durchschnittsalter gilt $\dfrac{18 + 36 + 30 + 20 + 24 + z}{6} = 28$, also $z = 40$.

42. Für die Anzahl d der Diagonalen eines konvexen n-Ecks gilt $d = \dfrac{n \cdot (n - 3)}{2}$. Für $n_1 = 4$ und $n_2 = 5$ erhält man Primzahlen $d_1 = 2$ und $d_2 = 5$.
Für jedes $n \geq 6$ ergibt sich im Zähler ein Produkt aus einer geraden (>2) und einer ungeraden natürlichen Zahl, also zusammengesetzte Zahlen und somit keine weiteren Primzahlen.

43. Um den Punkt P zeichnet man drei Kreise, Radien 1, 2 bzw. 3 cm; auf diesen Kreisen müssen die Punkte A, B, C liegen (Fig. 1). Punkt B wird auf dem Kreis mit $r = 2$ cm beliebig gewählt.
Die **Idee** ist nun, für einen Punkt P' in einem Quadrat A'B'C'D' dieselbe Situation zu erzeugen, wie sie für P in ABCD gefordert wird. Dabei soll A'B'C'D' aus ABCD durch Drehung mit B als Zentrum um den Drehwinkel 90° (Uhrzeigersinn) hervorgehen. Also ist B' = B, und für das Bild A' von A gilt A' = C. Damit ist C zu bestimmen, denn einerseits muß gelten $\overline{PC} = 3$, andererseits $\overline{P'A'} (= \overline{P'C}) = 1$ (Prinzipskizze). Die nun vorhandene Strecke BC legt das gewünschte Quadrat fest.

Die **Schritte** im einzelnen:
Drehen der Strecke PB um B um 90° (Uhrzeigersinn) ergibt die Strecke P'B' (Fig. 2). Kreis um P' mit $r = 1$, auf diesem Kreis liegt A'. Wegen A' = C liegt A' auch auf dem Kreis um P mit $r = 3$; also ist A' der Schnittpunkt der beiden Kreise. Damit liegt BC = B'A' fest; das Quadrat ABCD wird gezeichnet (Fig. 3; Kontrolle: A liegt auf dem Kreis um P mit $r = 1$).

Lösungen Klassenstufe 9

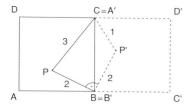

Prinzipskizze

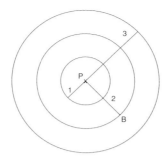

Fig. 1

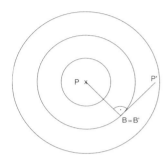

Fig. 2

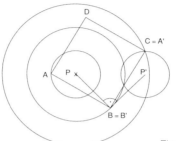

Fig. 3

44. Gesucht ist die Länge x so, daß $2A_W = 35^2$ gilt (A_W der Flächeninhalt des Buchstaben „W"). Der Zeichnung entnimmt man

$$h : \frac{x}{2} = 35 : \frac{35-x}{4} \quad \text{und erhält daraus} \quad h = \frac{70x}{35-x}.$$

Für den Flächeninhalt A_W ergibt sich damit

$$A_W = 4 \cdot 35x - 3 \cdot \frac{x \cdot h}{2}$$

$$= 4 \cdot 35x - 3 \cdot \frac{70x^2}{2(35-x)}$$

$$= 35x \left(4 - \frac{3x}{35-x} \right).$$

Setzt man dies ein in $2A_W = 35^2$, so folgt

$$70x \left(4 - \frac{3x}{35-x} \right) = 35^2 \quad \text{bzw. (nach Umformen)}$$

$$x^2 - \frac{45}{2}x + \frac{175}{2} = 0. \quad \text{Für die Lösungen } x_1, x_2$$

der Gleichung gilt

$$x_{1,2} = \frac{45}{4} \pm \frac{25}{4}; \quad x_1 = 17{,}5 \text{ entfällt als Lösung.}$$

Es ist also $x = x_2 = 5$.
Die Strecke x ist 5 cm lang.

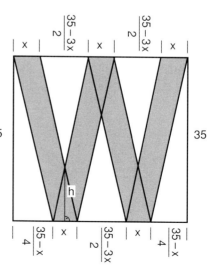

Lösungen   Klassenstufe 9

45. a) Die Dreiecke APD und CDM sind ähnlich, also gilt $\dfrac{\overline{DP}}{\overline{AP}} = \dfrac{\overline{CM}}{\overline{CD}}$.
Da M Mittelpunkt von BC und $\overline{BC} = \overline{CD}$ ist, gilt $\dfrac{\overline{DP}}{\overline{AP}} = \dfrac{1}{2}$.

b) Ist k die Seitenlänge des Quadrates, so gilt
$(\overline{DP})^2 + (2\overline{DP})^2 = k^2$ (Dreieck ADP),

$$5(\overline{DP})^2 = k^2 \Rightarrow \overline{DP} = \dfrac{k\sqrt{5}}{5}. \tag{1}$$

$(\overline{DM})^2 = \left(\dfrac{1}{2}k\right)^2 + k^2$ (Dreieck CDM)

$$= \dfrac{5}{4}k^2 \Rightarrow \overline{DM} = \dfrac{k\sqrt{5}}{2}. \tag{2}$$

Aus (1) und (2) ergibt sich

$$\overline{PM} = \dfrac{k\sqrt{5}}{2} - \dfrac{k\sqrt{5}}{5} = \dfrac{3\sqrt{5}\,k}{10}. \tag{3}$$

Schließlich erhält man aus (1) und (3)

$\dfrac{\overline{DP}}{\overline{PM}} = \dfrac{2}{3}$.

c) Sei jetzt M' der Mittelpunkt von AD und H der Schnittpunkt von AP mit BM'. Da außerdem $\overline{BM} = \overline{M'D}$ und BM ∥ M'D, ist BMDM' ein Parallelogramm, demnach BM' ∥ DM. Aus DM ⊥ AP schließt man auf
BM' ⊥ AP. (4)
Andererseits hat man im Dreieck ADP

$$\dfrac{\overline{AH}}{\overline{PH}} = \dfrac{\overline{AM'}}{\overline{DM'}} = 1, \text{ woraus } \overline{AH} = \overline{PH} \tag{5}$$

folgt.
Aus (4) und (5) erhält man, daß BH die Seitenhalbierende von AP ist, so daß $\overline{AB} = \overline{BP}$ gilt.

46. Nach dem Satz des Phythagoras gilt

$r^2 = (a+x)^2 + \left(\dfrac{a}{2}\right)^2$ und

$r^2 = (a-x)^2 + a^2$, also

$a^2 + (a-x)^2 = (a+x)^2 + \dfrac{a^2}{4}$.

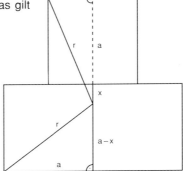

Lösungen Klassenstufe 9

Daraus erhält man

$$2a^2 - 2ax + x^2 = a^2 + 2ax + x^2 + \frac{a^2}{4},$$

$$4ax = \frac{3a^2}{4}, \quad x = \frac{3a}{16} \quad \text{und somit}$$

$$r^2 = \left(a - \frac{3a}{16}\right)^2 + a^2,$$

$$r^2 = \left(\frac{13a}{16}\right)^2 + a^2,$$

$$r^2 = \frac{169a^2 + 256a^2}{256} = \frac{425a^2}{256},$$

$$r = \frac{5}{16}\sqrt{17}\, a.$$

Also gilt für $a = 1$ cm $r = \frac{5}{16}\sqrt{17}$ cm $\approx 1{,}29$ cm.

47. Bezeichnet man die Kathetenlänge der abzuschneidenden Ecken mit x (cm), dann muß gelten

$2x + x\sqrt{2} = 10,$

$x(2 + \sqrt{2}) = 10,$

$x = \dfrac{10}{2 + \sqrt{2}} = \dfrac{10(2 - \sqrt{2})}{4 - 2},$

$x = 5(2 - \sqrt{2}).$

48. Die Dreiecke ABL und CDK sind flächeninhaltsgleich; darum gilt $b + c + e = d + f + e$, also $b + c = d + f$. Wegen $\overline{AK} + \overline{BK} = \overline{CD}$ gilt $a + (b + c) + h = (d + f) + e$. Wegen $b + c = d + f$ folgt daraus $a + h = e$.

49. Für das abgebildete Trapez ABCD seien $\overline{AB} = a$, $\overline{CD} = c$, $\overline{EF} = s$, CG ∥ AD, also $\overline{LF} = s - c$, $\overline{GB} = a - c$, $\overline{CH} \perp AB$, $\overline{CH} = h$, $\overline{CK} = x$; dann gilt nach dem Strahlensatz

$x : h = (s - c) : (a - c),$

$x = \dfrac{h(s - c)}{a - c}.$

Für die Flächeninhalte der Trapeze ABCD und EFCD gilt

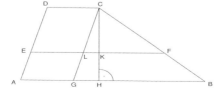

Lösungen Klassenstufe 9

die Beziehung

$$\frac{1}{2}(a+c)h = 2 \cdot \frac{1}{2}(c+s)x,$$

$$(a+c)h = 2(c+s)\frac{h(s-c)}{a-c},$$

$$\frac{(a+c)(a-c)}{2} = (s+c)(s-c),$$

$$\frac{a^2-c^2}{2} = s^2-c^2, \quad s^2 = \frac{a^2+c^2}{2}, \quad s = \frac{1}{2}\sqrt{2(a^2+c^2)}.$$

50. Die Diagonale der quadratischen Mutter hat die Länge $a\sqrt{2}$; deshalb muß einerseits $a\sqrt{2} \geq b\sqrt{3}$, andererseits $a \leq b\sqrt{3}$ gelten. Mit einem Sechskantschlüssel der Seitenlänge b kann man eine Mutter mit Kantenlänge a also nur dann drehen, wenn $a \leq b\sqrt{3} \leq a\sqrt{2}$ gilt.

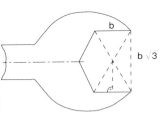

51. a) Aus den Strahlensätzen folgt $\overline{GD} : \overline{CB} = 1 : 3$ und $\overline{AH} : \overline{AK} = 1 : 3$. Sei $\overline{GD} = x$, dann ist $\overline{CB} = 3x$. Sei $\overline{AH} = y$, dann ist $\overline{AK} = 3y$. Für die Flächeninhalte gilt dann $A_R = x \cdot 2y$, $A_\Delta = \frac{1}{2} \cdot 3x \cdot 3y$ und damit $\frac{A_R}{A_\Delta} = \frac{4}{9}$.

b) Der Radius des kleinsten Viertelkreises ist $(x-4)$; deshalb gilt nach dem Satz des Pythagoras
$x^2 + (x+4)^2 = (3x-4)^2$, also $7x^2 - 32x = 0$, $x(7x-32) = 0$.
Wegen $x \neq 0$ folgt daraus $7x - 32 = 0$, $x = \frac{32}{7}$.

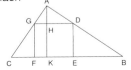

52. Beweis: Mit $\overline{AB} = c$, $\overline{CD} = h$, $\overline{NM} = x$, $\overline{LM} = y$ und der Ähnlichkeit von ABC und NMC (Zentrum C) folgt
$\frac{c}{x} = \frac{h}{c-y}$. Nach Konstruktion ist $c = h$, also $\frac{c}{x} = \frac{c}{c-y}$. Daraus ergibt sich (wegen $c \neq 0$) $x + y = c$. Der Umfang u des Rechteckes KLMN beträgt also $2x + 2y = 2c$.

53. Aus der Ähnlichkeit der Dreiecke AA'C' und BB'C' folgt

$$\frac{x}{z} = \frac{p+q}{q}. \qquad (1)$$

Lösungen Klassenstufe 9

Aus der Ähnlichkeit der Dreiecke A'CC' und A'BB' folgt

$$\frac{y}{z} = \frac{p+q}{p}. \qquad (2)$$

Die Division von (1) durch (2) liefert (3)

$$\frac{x}{y} = \frac{p}{q}.$$

Aus (3) erhält man $\frac{x+y}{y} = \frac{p+q}{q}$. (4)

Nun ergibt sich aus (1) und (4) $\frac{x}{z} = \frac{x+y}{y}$ bzw. $\frac{1}{z} = \frac{1}{x} + \frac{1}{y}$.

54. Wegen $\overline{AV} : \overline{KV} = 2 : 1$ gilt $\overline{AB} : \overline{KN} = 2 : 1$, also $\overline{KN} = 4$ cm und somit $\overline{DK} = 2$ cm. Ferner gilt $8^2 = 4^2 + h^2$, also $h = 4\sqrt{3}$. Es ist nun $\overline{AK} : \overline{AV} = \overline{AD} : h = 1 : 2$, also $\overline{AD} = \frac{1}{2}h = 2\sqrt{3}$.
Offensichtlich ist x = 1, und der gesuchte Flächeninhalt beträgt

$$2 \cdot \frac{2\sqrt{3} \cdot 1}{2} = 2\sqrt{3} \text{ (cm}^2\text{)}.$$

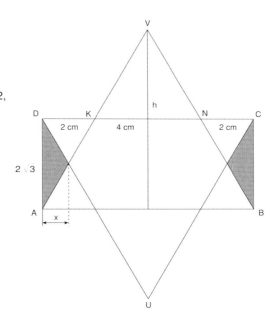

55. a) Aus $\frac{a}{b} = \frac{c}{h}$ folgt $\frac{a^2}{b^2} = \frac{c^2}{h^2}$ bzw. $\frac{b^2 + c^2}{b^2} = \frac{c^2}{h^2}$.

Nach Division durch c^2 erhält man $\frac{1}{c^2} + \frac{1}{b^2} = \frac{1}{h^2}$.

b) Aus $a^2 = b^2 + c^2$ folgt $a^2 + h^2 \geqq b^2 + c^2$, (1)

und aus $\frac{a}{b} = \frac{c}{h}$ folgt $ah = bc$ bzw. $2ah = 2bc$. (2)

167

Nach Addition von (1) und (2) erhält man
$(a + h)^2 \geqq (b + c)^2$, d. h. $a + h \geqq b + c$.

56. Es seien ABC ein Dreieck, M der Mittelpunkt seines Umkreises, r die Maßzahl des Umkreisradius, h_c die Maßzahl der Länge der Höhe CD sowie a und b die Maßzahlen der Längen der Seiten BC bzw. AC. E sei der Mittelpunkt von AC. Dann folgt aus der Ähnlichkeit der rechtwinkligen Dreiecke DBC und MEC $a : h_c = r : \dfrac{b}{2}$, also $ab = 2rh_c = h_c d$.

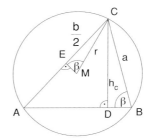

Konstruktion:
Man zeichnet einen Kreis mit dem gegebenen Durchmesser, nimmt auf der Peripherie einen beliebigen Punkt C an und zeichnet um C Kreisbögen mit den Radien a und b, die den Kreis in A (2 Möglichkeiten) bzw. B (2 Möglichkeiten) schneiden. ABC ist dann ein Dreieck zu den gegebenen Stücken; man sieht, es gibt mehr als diese eine Lösung.

57. Es gilt nach dem Satz des Pythagoras
$1{,}5^2 + 2^2 = 6{,}25$.

Es gilt nach dem Satz über ähnliche Dreiecke $(\sqrt{6{,}25} = 2{,}5)$.
$2{,}5 : 2 : 1{,}5 = 5 : 4 : 3$;
$1{,}5 : 1{,}2 : 0{,}9 = 5 : 4 : 3$;
$2 : 1{,}6 : 1{,}2 = 5 : 4 : 3$.
$h = 2 + 1{,}2 + 1{,}1 = 4{,}4$ (LE).

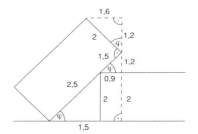

58. Es gilt der Satz: Die Verbindungsstrecke der Mitten zweier Dreiecksseiten verläuft parallel zur dritten Seite und ist halb so lang wie diese. Daraus folgt $2\overline{HG} = \overline{AC}$ und somit $\overline{PQ} = \dfrac{1}{2} \overline{AC}$.

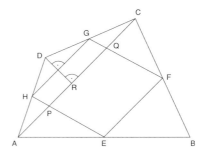

Deshalb gilt
$A_{ACD} = \dfrac{1}{2} \cdot \overline{AC} \cdot \overline{RD}$ und
$A_{PQGH} = \overline{PQ} \cdot \dfrac{\overline{RD}}{2} = \dfrac{1}{2} \cdot \dfrac{1}{2} \cdot \overline{AC} \cdot \overline{RD}$, also $A_{ACD} = 2 A_{PQGH}$. Analog dazu erhält man $A_{ABC} = 2 A_{EFQP}$. Daraus folgt schließlich $A_{ABCD} = 2 A_{EFGH}$.

Lösungen Klassenstufe 9

59. a) Wegen $\overline{ML} = \frac{1}{2}\overline{HF}$ und $\overline{HF} = \overline{AB} = 20$ cm gilt $\overline{ML} = 10$ cm. Wegen $\overline{MI} = \frac{1}{2}\overline{EG}$ und $\overline{EG} = \overline{BC} = 16$ cm gilt $\overline{MI} = 8$ cm.
Die Höhe des gleichschenkligen Trapezes ABLM beträgt analog dazu
$\overline{MI} + \frac{1}{2}\overline{MI} = \frac{3}{2}\overline{MI} = \frac{3}{2} \cdot 8$ cm $= 12$ cm.
Darauf folgt $A_{ABLM} = \frac{(20+10)\cdot 12}{2}$ cm$^2 = 180$ cm^2.
b) Nach dem Satz des Pythagoras gilt $\overline{AM}^2 = (12^2 + 5^2)$ cm$^2 = 169$ cm^2, also $\overline{AM} = 13$ cm.
Der Umfang des Vierecks ABLM beträgt somit
$u = (20 + 10 + 2 \cdot 13)$ cm $= 56$ cm.

60. Nach dem Satz des Pythagoras gilt (Längenangaben in cm)
$\overline{DE}^2 = \overline{CE}^2 - \overline{CD}^2 = 17^2 - 15^2$, $\quad \overline{DE}^2 = 64$, $\quad \overline{DE} = 8$.
Wegen $\overline{EB} = \frac{1}{2}\overline{AB} = \frac{1}{2} \cdot 56 = 28$ gilt $\overline{BD} = \overline{EB} + \overline{DE} = 36$. Daraus folgt
$\overline{BC}^2 = \overline{CD}^2 + \overline{BD}^2 = 15^2 + 36^2$, $\quad \overline{BC}^2 = 225 + 1296 = 1521$, $\quad \overline{BC} = 39$.
Wegen $\overline{AD} = \overline{AB} - \overline{BD} = 56 - 36 = 20$ gilt ferner
$\overline{AC}^2 = \overline{AD}^2 + \overline{CD}^2 = 20^2 + 15^2 = 625$, $\quad \overline{AC} = 25$.
Die Seiten AC und BC haben die Länge 25 cm bzw. 39 cm.

61. Für die Längen $\overline{AB} = c$, $\overline{DC} = h$, $\overline{AD} = q$ und $\overline{DB} = p$ gilt

$$h = \frac{2}{5}c \quad (1)$$

sowie $\quad p + q = c \quad (2)$

und $q < p$. $\quad (3)$

Ferner gilt nach dem Höhensatz

$$pq = h^2 \quad (4)$$

Setzt man h aus (1) in (4) ein, so folgt

$$pq = \frac{4}{25}c^2, \quad (5)$$

setzt man q aus (2) in (5) ein, so folgt

$p(c-p) = \frac{4}{25}c^2$,

$p_{1,2} = \frac{1}{2}c \pm \sqrt{\frac{1}{4}c^2 - \frac{4}{25}c^2}$

$= \frac{1}{2}c \pm \sqrt{\frac{1}{100}c^2(25-16)}$

$= \frac{c}{10}(5 \pm 3)$,

also entweder $p = \dfrac{4}{5}c$ und dann nach (2) weiter $q = \dfrac{1}{5}c$

oder $p = \dfrac{1}{5}c$ und dann nach (2) weiter $q = \dfrac{4}{5}c$.

Von diesen beiden Möglichkeiten verbleibt wegen (3) nur die erste. Daher beträgt das gesuchte Verhältnis $\overline{AD}:\overline{DB} = q:p = 1:4$.

62. Die Schnittfläche ist das Trapez AMND, wobei M der Mittelpunkt der Kante BS und N der Mittelpunkt der Kante CS sind. Nach dem Satz des Pythagoras ist

$$\overline{AM} = \sqrt{\overline{AB}^2 + \overline{BM}^2} = \sqrt{a^2 + a^2} = a\sqrt{2}$$

und $\overline{DN} = \sqrt{\overline{AM}^2 + \overline{PD}^2} = \sqrt{2a^2 + \dfrac{a^2}{4}} = \dfrac{3}{2}a$,

also $u = \overline{AM} + \overline{MN} + \overline{DN} + \overline{AD} = a\sqrt{2} + \dfrac{a}{2} + \dfrac{3}{2}a + a$

$$= 3a + a\sqrt{2} = a(3 + \sqrt{2}).$$

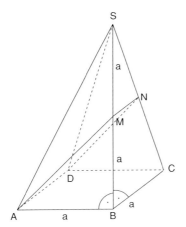

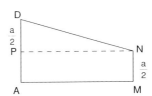

63. a) Der gegebene Quader sei ABCDA'B'C'D' mit $\overline{AB} = c$, $\overline{BC} = b$ und $\overline{AA'} = a$. In der Ebene des Rechtecks ABB'A' zeichne man den Kreis um B mit dem Radius b. Er schneidet wegen $\overline{BB'} < b < \overline{A'B'}$ die Strecke A'B' in einem inneren Punkt, der E genannt sei. Die Parallele zu B'C' durch E schneidet D'C' in einem Punkt, der F genannt sei. Dann gilt $\overline{EF} = \overline{BC} = b$ und wegen der Kongruenz der Dreiecke EB'B und FC'C auch $\overline{FC} = \overline{EB} = b$. Folglich bilden B, E, F und C die Ecken eines Rhombus. Da BC auf der Ebene ABB'A' nach

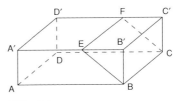

Lösungen Klassenstufe 9

Voraussetzung senkrecht steht, steht BC auf jeder Geraden dieser Ebene durch B senkrecht und damit auch auf EB. EBCF ist also sogar ein Quadrat.

b) Aus $V_1 : V_2 = 1 : 8 = 1^3 : 2^3$ folgt $a_1 : a_2 = 1 : 2$. Wegen $a_1 : (a_1 + 8) = 1 : 2$ gilt $a_1 = 8$ cm und $a_2 = 16$ cm, also $V_1 = 512$ cm^3 und $V_2 = 4096$ cm^3.

c) Es gelten folgende Beziehungen:
1) $V_W : V_O = 6 : 1$;   2) $V_O : V_{We} = 9 : 2$;
3) $O_W : O_O = 2\sqrt{3} : 1$;   4) $O_O : O'_{We} = 3\sqrt{3} : 2$.

64. Sei c die Hypotenuse. Es gilt $V_1 = \frac{1}{3}\pi a^2 b = 800\pi$ (Rotation um b), $a^2 b = 2400$, und $V_2 = \frac{1}{3}\pi b^2 a = 1920\pi$ (Rotation um a), $b^2 a = 5760$.

Also $\frac{b^2 a}{a^2 b} = \frac{b}{a} = \frac{5760}{2400} = \frac{12}{5}$, $b = 2{,}4a$. Daraus folgt mit $c^2 = a^2 + b^2$ $c^2 = a^2 + 5{,}76 a^2$, $c = 2{,}6a$. Nun folgt wiederum aus $c^2 = a^2 + b^2$ (mit $c = 2{,}6a$ und $b^2 = \frac{5760}{a}$) $(2{,}6a)^2 = a^2 + \frac{5760}{a}$, also $a^3 = 1000$ und damit $a = 10$ cm. Die Länge der Hypotenuse c beträgt also 26 cm.

65. a) Wegen $\overline{AB} = 1$ (LE), also $\overline{AC} = \sqrt{2}$ (LE),

gilt $x\sqrt{2} + r + r\sqrt{2} = \sqrt{2}$;

$r(\sqrt{2} + 1) = \sqrt{2} - x\sqrt{2} = \sqrt{2}(1 - x)$

$r = \frac{\sqrt{2}(1-x)}{\sqrt{2}+1}$

$= \frac{\sqrt{2}(1-x)(\sqrt{2}-1)}{(\sqrt{2}+1)(\sqrt{2}-1)}$

$= (2 - \sqrt{2})(1 - x)$.

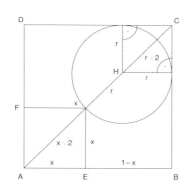

b) Man muß drei Fälle unterscheiden:
Fall 1: Der einfachste Fall ist der Kreis, der vollständig innerhalb eines weißen Feldes verläuft. Sein Radius ist gleich oder kleiner als $\frac{1}{2}$ Längeneinheit, also $r \leq \frac{1}{2}$ (LE).

Bild 1

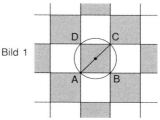

Fall 2 (siehe Bild 1): Der Kreis verläuft durch die Endpunkte der Seite eines weißen Feldes. Dann geht er durch vier

171

Lösungen Klassenstufe 9

weiße Felder. Sein Radius ist gleich der halben Hypotenuse des Dreiecks ABC im Quadrat ABCD, also $r = \frac{1}{2}\sqrt{2}$ (LE).

Fall 3 (siehe Bild 2): Der Kreis verläuft durch die Endpunkte der Diagonalen eines weißen Feldes, dann geht er durch acht weiße Felder. Sein Mittelpunkt ist der Schnittpunkt der Mittelsenkrechten von AB mit der von BC. Bild 2
Den Radius erhält man aus

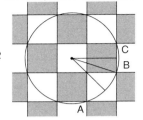

$r^2 = \left(\frac{1}{2}\right)^2 + \left(\frac{3}{2}\right)^2$, also $r = \frac{1}{2}\sqrt{10}$.

Der größte Kreis, der nur durch die weißen Felder verläuft, hat den Radius $r = \frac{1}{2}\sqrt{10}$ (LE).

c) Es sei M der Mittelpunkt des Kreises. Man verbinde M mit E. Der Beweis erfolgt nun durch einfache Winkelrechnung.
Offenbar ist ∢ CMD = ∢ BMD. Wir nennen diesen Winkel x. Dann ist ∢ BMA = 2x, und da Dreieck AMB gleichschenklig ist, folgt ∢ MBA = ∢ MAB = 90° − x. Ferner ist ∢ MDB = 150° (man beachte: MD ist Winkelhalbierende von ∢ CDB) und damit ∢ DMB = 30° − x (Winkelsumme in Dreieck MDB). Da Dreieck DBA gleichschenklig ist und ∢ DBA = 30° − x + 90° − x = 120° − 2x ist, folgt ∢ BAE = 30°+ x und damit ∢ MAE = 60° − 2x. Nun ist Dreieck EMA gleichschenklig, also ist ∢ MEA = 60° − 2x und damit ∢EMA = 60° + 4x, also insbesondere ∢ EMD = 60° + x. Im Dreieck EMD ergibt sich schließlich (mit der Innenwinkelsumme) ∢ MDE = 60° + x, so daß sich Dreieck EMD als gleichschenklig herausstellt ($\overline{ME} = \overline{DE}$). Wegen $\overline{ME} = r$ gilt als $\overline{DE} = r$.

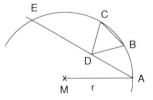

d) Da die Kreise die senkrechte Linie im Rechteck berühren, sieht man sofort, daß die waagerecht gezeichnete Rechteckseite die Länge 4r haben muß. Betrachtet wird der linke Kreis. Die Diagonale und die Rechteckseiten sind Tangenten an den Kreis. Die Entfernungen von den Schnittpunkten zu den Berührpunkten sind daher − wie in der Zeichnung dargestellt − gleich. Der Satz des Pythagoras liefert:

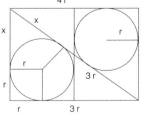

$(x + r)^2 + (4r)^2 = (x + 3r)^2 \Leftrightarrow x^2 + 2xr + 17r^2 = x^2 + 6xr + 9r^2 \Leftrightarrow x = 2r$.

Also hat die kürzere Seite die Länge $r + x = 3r$.

Lösungen Klassenstufe 9

e) Seien a, b die Kathetenlängen, c die Länge der Hypotenuse. Nach dem Satz des Pythagoras gilt $c^2 = a^2 + b^2 = 8^2 + 15^2 = 289$, also $c = 17$. Aus $A = \varrho \cdot \dfrac{u}{2}$ (ϱ der Inkreisradius, u der Umfang des Dreiecks) folgt

$$\varrho = \frac{2A}{u} = \frac{2 \cdot 8 \cdot 15}{2(8 + 15 + 17)} = 3.$$

66. a) Aus $A_1 = \dfrac{1}{2}\pi(2r)^2 - \dfrac{1}{2} \cdot 4r \cdot 2r = 2r^2(\pi - 2)$ und

$A_2 = 8\left(\dfrac{1}{4}\pi r^2 - \dfrac{1}{2} \cdot r \cdot r\right) = 2r^2(\pi - 2)$ folgt $A_1 = A_2$. Der Gesamtflächeninhalt der beiden Kreisabschnitte ist also genauso groß wie der Flächeninhalt der Rosette.

b) Es gilt $A = \dfrac{1}{4}\pi d_1^2 - 3 \cdot \dfrac{1}{4}\pi d_2^2$; $d_2 = \dfrac{1}{3}d_1$.

$d_1^2 = 64\,\text{cm}^2,\quad d_2^2 = \dfrac{64}{9}\,\text{cm}^2;\quad A = \left(\dfrac{64\pi}{4} - \dfrac{3\pi \cdot 64}{4 \cdot 9}\right)\text{cm}^2$

$= \left(16 - \dfrac{16}{3}\right)\pi\,\text{cm}^2$

$= \dfrac{32}{3}\pi\,\text{cm}^2.$

c) Es ist $A = \pi x^2$. Ergänzt man den Kreissektor zu einem gleichschenkligen Dreieck (gestrichelte Linie), so ist M' sein Inkreismittelpunkt. Also ist $x = \dfrac{1}{3}r = \dfrac{1}{3}$.

Daraus folgt $A = \dfrac{1}{9}\pi$ (FE).

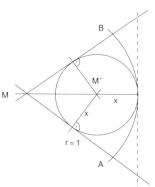

d) Es gilt

$A = A_1 + 2 \cdot A_2$ mit $A_1 = \dfrac{a^2}{4}\sqrt{3} = \sqrt{3}$.

Weiter ist

$A_1 + A_2 = \dfrac{1}{6}\pi a^2 = \dfrac{2\pi}{3}$, also $A_2 = \dfrac{2\pi}{3} - \sqrt{3}$.

Daraus folgt

$A = \sqrt{3} + \dfrac{4\pi}{3} - 2\sqrt{3} = \dfrac{4\pi}{3} - \sqrt{3}$.

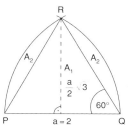

Lösungen   Klassenstufe 9

e) Für den Flächeninhalt A_s des Kreissegments gilt

$A_s = \dfrac{1}{2}[2r(b-s) + sh]$.

Offenbar ist $h = r$, und aus

$r^2 + \left(\dfrac{s}{2}\right)^2 = (2r)^2$ folgt $s = 2r\sqrt{3}$.

Weiter ermittelt man $\alpha = 60° = \dfrac{\pi}{3}$

$\left(\text{wegen } \overline{BM} = 2\overline{CM} \text{ bzw. } \cos\alpha = \dfrac{r}{2r} = \dfrac{1}{2}\right)$.

Also ist $b = 2\alpha \cdot 2r = 4 \cdot \dfrac{\pi}{3} r$.

Daraus folgt nun

$A_s = \dfrac{1}{2}\left[2r\left(\dfrac{4}{3}\pi r - 2r\sqrt{3}\right) + 2r\sqrt{3} \cdot r\right] = r^2\left(\dfrac{4}{3}\pi - \sqrt{3}\right)$.

Lösungen zu

KLASSENSTUFE 10

66 Olympiadeaufgaben

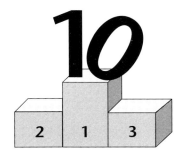

Lösungen Klassenstufe 10

1. Es gilt

$$1\frac{1}{2} = 1 + \frac{1}{2} = \frac{3}{2} = \frac{1\cdot 3}{2},$$

$$2\frac{2}{3} = 2 + \frac{2}{3} = \frac{8}{3} = \frac{2\cdot 4}{3},$$

$$3\frac{3}{4} = 3 + \frac{3}{4} = \frac{15}{4} = \frac{3\cdot 5}{4};$$

allgemein gilt für alle natürlichen Zahlen k

$$k + \frac{k}{k+1} = \frac{k(k+1)+k}{k+1} = \frac{k(k+2)}{k+1}.$$

Daraus folgt

$$z = \frac{1\frac{1}{2}\cdot 2\frac{2}{3}\cdot 3\frac{3}{4}\cdot\ldots\cdot 100\frac{100}{101}}{1\cdot 2\cdot 3\cdot\ldots\cdot 100}$$

$$= \frac{1}{1\cdot 2\cdot 3\cdot\ldots\cdot 100}\cdot\frac{1\cdot 3}{2}\cdot\frac{2\cdot 4}{3}\cdot\frac{3\cdot 5}{4}\cdot\ldots\cdot\frac{99\cdot 101}{100}\cdot\frac{100\cdot 102}{101}$$

$$= \frac{1\cdot 2\cdot 3\cdot\ldots\cdot 100\cdot 3\cdot 4\cdot 5\cdot\ldots\cdot 101\cdot 102}{1\cdot 2\cdot 3\cdot\ldots\cdot 100\cdot 2\cdot 3\cdot 4\cdot\ldots\cdot 100\cdot 101}$$

$$= \frac{102}{2} = 51.$$

2. Eine Zahl ist teilbar durch 11, wenn ihre alternierende Quersumme durch 11 teilbar ist.
Es gilt nun $(9+8+7+0+4) - (1+2+3+6+5) = 28 - 17 = 11$, also ist 9 182 730 645 die gesuchte Zahl (9 182 730 645 : 11 = 834 793 712).

3. Es ist $9999^{10} = (99\cdot 101)^{10} = 99^{10}\cdot 101^{10} > 99^{10}\cdot 99^{10} = 99^{20}$, also ist 9999^{10} die größere Zahl.

4. Es sei $z = 10^n a_n + \ldots + a_0$, $a_n \neq 0$, die gesuchte Zahl. Dann gilt für die zu bildende Zahl z' folgendes: $z' = 10z - 10^{n+1}a_n + a_n$. Wegen $\frac{7}{2}z = z'$ folgt $\frac{7}{2}z = 10z - 10^{n+1}a_n + a_n$, also $z = 2a_n\frac{10^{n+1}-1}{13}$. Da die kleinste solche Zahl z gesucht ist, wählt man $a_n = 1$ und das minimale n, so daß $\frac{(10^{n+1}-1)}{13}$ ganzzahlig ist. Probieren ab n = 1 zeigt, daß dies erstmalig für n = 5 erfüllt ist.
Damit ist $z = 2\cdot\frac{10^6-1}{13} = 153846$.

Lösungen   Klassenstufe 10

5. Es ist $\dfrac{n^2+7}{n+3} = n-3 + \dfrac{16}{n+3}$; damit muß die natürliche Zahl $n+3$ ein Teiler von 16 sein.
Dies ist nur für $n = 1, 5, 13$ der Fall, also ist C richtig.

6. Wir klammern den gemeinsamen Faktor $5^{2n}7^{2n}11^{2n}$ aus. Damit gilt
$E = 5^{2n}7^{2n}11^{2n} \cdot (7+11-5) = 5^{2n}7^{2n}11^{2n} \cdot 13 = 5 \cdot 7 \cdot 11 \cdot 13 \cdot (5^{2n-1}7^{2n-1}11^{2n-1})$.
Da $5 \cdot 7 \cdot 11 \cdot 13 = 5\,005$ ist, ist E durch $5\,005$ teilbar.

7. Der Ausdruck sei mit x bezeichnet. Dann gilt $x = 1 + \dfrac{1}{x}$ und damit
$x^2 - x - 1 = 0$. Die einzige positive Lösung dieser Gleichung ist $\dfrac{1+\sqrt{5}}{2}$

8. Angenommen, es gilt $a^2 + b^2 + c^2 + d^2 + ab + cd = 1$. Dann wäre
$a^2 + b^2 + c^2 + d^2 + ab + cd = ad - bc$.
Dies ist äquivalent mit (nach Multiplikation mit 2)
$(a+b)^2 + (c+d)^2 + (a-d)^2 + (b+c)^2 = 0$.
Daraus folgt $a+b = c+d = a-d = b+c = 0$ und damit $a = -b$, $c = -d$, also $ad - bc = 0$ im Widerspruch zur Voraussetzung.
Also war unsere Annahme falsch, und es gilt $a^2 + b^2 + c^2 + d^2 + ab + cd \neq 1$.

9. a) Es ist $2^{256} - 1 = (2^{128}+1) \cdot (2^{128}-1)$, also keine Primzahl.
b) Die Endziffern wiederholen sich periodisch:
7^{4n} hat die Endziffer 1 ($n \in \mathbb{N}$)
7^{4n+1} hat die Endziffer 7 ($n \in \mathbb{N}$)
7^{4n+2} hat die Endziffer 9 ($n \in \mathbb{N}$)
7^{4n+3} hat die Endziffer 3 ($n \in \mathbb{N}$).
Da $7^{2281} = 7^{4 \cdot 570 + 1}$ ist, hat die Zahl 7^{2281} die Endziffer 7 und demzufolge $7^{2281} - 2$ die Endziffer 5.
Die Zahl ist demnach durch 5 teilbar, d. h., sie ist keine Primzahl.

10. Zunächst berechnen wir die Summen in den Klammern. Es ist
$\sum_{i=1}^{n-1} \dfrac{i}{n} = \dfrac{1}{n} \sum_{i=1}^{n-1} i = \dfrac{1}{n} \cdot \dfrac{n(n-1)}{2} = \dfrac{n-1}{2}$.
Die Gesamtsumme ergibt sich damit zu
$\sum_{n=2}^{80} \dfrac{n-1}{2} = \dfrac{1}{2} \sum_{n=1}^{79} n = \dfrac{1}{2} \cdot \dfrac{79 \cdot 80}{2} = 1580$.

Lösungen — Klassenstufe 10

11. Wenn eine natürliche Zahl x die Bedingungen (1) bis (5) erfüllt, so folgt:
Wegen (1) und (4) ist $2^9 \leq x$ und $x < 5^4$, d. h.

$$512 \leq x < 625. \tag{6}$$

Unter Beachtung von $2 \cdot 3^5 = 486$ und $3^6 = 729$ ergibt sich aus (6), daß x im Dreiersystem genau sechs Stellen hat, wobei an der ersten Stelle (links) die Ziffer 2 steht.
Wegen (2) ist somit $x \geq 2 \cdot 3^5 + 1 \cdot 3^4$, d. h.

$$567 \leq x. \tag{7}$$

Unter Beachtung von $2 \cdot 4^4 = 512$ und $3 \cdot 4^4 = 768$ ergibt sich aus (6), daß x im Vierersystem genau fünf Stellen hat, wobei an der ersten Stelle die Ziffer 2 steht.
Wegen (3) ist somit $x < 2 \cdot 4^4 + 1 \cdot 4^3$, d. h.

$$x < 576 \tag{8}$$

Es ist also $567 \leq x < 576$.
Wegen Bedingung (5) ergibt sich $x = 572$.
Aus den Überlegungen ergibt sich, daß 572 die einzige Zahl ist, die die angegebenen Bedingungen erfüllt.

12. Es ist $n = (1\,110\,100\,011\,000)_2$ und damit
$n - 1 = (1\,110\,100\,011\,000)_2 - 1_2 = (1\,110\,100\,010\,111)_2$.

13. Es sei $x = 2^n$ und $y = 5^n$ ($n \in \mathbb{N}$),
dann ist

$$xy = 2^n \cdot 5^n = (2 \cdot 5)^n = 10^n. \tag{1}$$

Angenommen, es gibt ein n, für das die Dezimaldarstellung von x und y mit ein und derselben Ziffer z beginnt, dann folgert man auf Grund von (1), daß

$$z^2 < 10 < (z+1)^2 \tag{2}$$

gelten muß. (2) wird nur erfüllt, wenn $z = 3$ ist. Tatsächlich findet man für $n = 5$

$$x = 2^5 = 32 \quad \text{und} \quad y = 5^5 = 3125.$$

Bemerkung:
Eine weitere Lösung erhält man für $n = 15$. Es ist nämlich $2^{15} = 32\,768$ und $5^{15} = 30\,517\,578\,125$.

Lösungen   Klassenstufe 10

14. $n^3 + (n+1)^3 + (n+2)^3 = n^3 + n^3 + 3n^2 + 3n + 1 + n^3 + 6n^2 + 12n + 8$
$= 3n^3 + 9n^2 + 15n + 9 = 3[n^3 + 3n^2 + 5n + 3]$. Wenn diese Zahl durch 9 teilbar sein soll, so müßte der Termwert in der Klammer durch 3 teilbar sein. $3n^2 + 3$ ist durch 3 teilbar.
Es muß noch gezeigt werden, daß $(n^3 + 5n)$ durch 3 teilbar ist. Zunächst schreiben wir $n^3 + 5n = n(n^2 + 5)$.
Es sind nun drei Fälle zu unterscheiden:
1. $n = 3m$: Dann ist $n(n^2 + 5) = 3m(9m^2 + 5)$, also durch 3 teilbar.
2. $n = 3m + 1$: Dann erhält man
   $(3m + 1) [9m^2 + 6m + 6] = (3m + 1) \cdot 3(3m^2 + 2m + 2)$, also eine durch 3 teilbare Zahl.
3. $n = 3m + 2$: $(3m + 2) [9m^2 + 12m + 9] = (3m + 2) \cdot 3(3m^2 + 4m + 3)$.
Damit: $n^3 + 3n^2 + 5n + 3$ ist für jedes natürliche n durch 3 teilbar.

15. Aus $n \cdot (n+1) \cdot (n+2) \cdot (n+3) + 1$ folgt schrittweise
$$n^4 + 6n^3 + 11n^2 + 6n + 1$$
$$= n^4 - 4n^3 + 6n^2 - 4n + 1 + 10n^3 - 20n^2 + 10n + 25n^2$$
$$= (n-1)^4 + 10n \cdot (n^2 - 2n + 1) + 25n^2$$
$$= (n-1)^4 + 10n \cdot (n-1)^2 + 25n^2 = [(n-1)^2 + 5n]^2;$$
also stets eine Quadratzahl.

16. Es sei $x = \sqrt{3 + \sqrt{8}} - \sqrt{3 - \sqrt{8}}$, also
$x^2 = 3 + \sqrt{8} - 2 \cdot \sqrt{(3 + \sqrt{8}) \cdot (3 - \sqrt{8})} + 3 - \sqrt{8}$,
$x^2 = 6 - 2\sqrt{3^2 - 8}$, $\quad x^2 = 6 - 2$, $\quad x^2 = 4$, $\quad x = 2$.

17. $1 + \tan 25° = 1 + \tan (45° - 20°)$
$= 1 + \dfrac{\tan 45° - \tan 20°}{1 + \tan 45° \cdot \tan 20°} = 1 + \dfrac{1 - \tan 20°}{1 + \tan 20°} = \dfrac{2}{1 + \tan 20°}$.
Also gilt $(1 + \tan A)(1 + \tan B) = 2$.

18. a) Es sei $a = 2$ und $b = 3$, also $\dfrac{1}{a} + \dfrac{1}{b} = \dfrac{1}{2} + \dfrac{1}{3} = \dfrac{5}{6}$.
Dann gilt $\dfrac{1}{c} + \dfrac{1}{d} = \dfrac{1}{6}$, $\quad 6c + 6d = cd$, $\quad 6c = cd - 6d$,
$\quad 6c = d \cdot (c - 6)$; $\quad d = \dfrac{6c}{c - 6}$ (es ist $c \neq 6$).
Für $c = 7$ erhält man $d = 42$, also gilt
$\dfrac{1}{2} + \dfrac{1}{3} + \dfrac{1}{7} + \dfrac{1}{42} = \dfrac{21 + 14 + 6 + 1}{42} = \dfrac{42}{42} = 1$.

b) Aus $a + b + c = 0$ folgt $c = -(a+b)$.
Durch Einsetzen in die gegebene Gleichung erhalten wir

$$ax^2 + bx - (a+b) = 0,$$

$$x^2 + \frac{b}{a} \cdot x - \frac{a+b}{a} = 0,$$

$$x_{1,2} = -\frac{b}{2a} \pm \sqrt{\frac{b^2 + 4a(a+b)}{4a^2}},$$

$$= -\frac{b}{2a} \pm \frac{1}{2a} \cdot \sqrt{4a^2 + 4ab + b^2},$$

$$= -\frac{b}{2a} \pm \frac{|2a+b|}{2a},$$

$$x_1 = \frac{2a}{2a} = 1 \quad \left(x_2 = -1 - \frac{b}{a}\right).$$

c) Aus $s = \left(9 + 4\sqrt{5}\right)^{\frac{1}{3}} + \left(9 - 4\sqrt{5}\right)^{\frac{1}{3}}$,

erhält man

$$s^3 = 18 + 3\left(9+4\sqrt{5}\right)^{\frac{2}{3}} \cdot \left(9-4\sqrt{5}\right)^{\frac{1}{3}} + 3\left(9+4\sqrt{5}\right)^{\frac{1}{3}} \cdot \left(9-4\sqrt{5}\right)^{\frac{2}{3}}$$

$$= 18 + 3s\left(9+4\sqrt{5}\right)^{\frac{1}{3}} \cdot \left(9-4\sqrt{5}\right)^{\frac{1}{3}}$$

$$= 18 + 3s.$$

Folglich ist $s^3 - 3s - 18 = 0$ oder $(s-3)(s^2 + 3s + 6) = 0$.
Da $s^2 + 3s + 6 = 0$ keine reellen Lösungen hat, ergibt sich $s = 3$.

d) Die Gleichung läßt sich wie folgt umformen:
$2(2xy - 13x - 3y) + 39 = 2 \cdot 19 + 39$, $\quad (2x-3)(2y-13) = 77$.

Damit müssen $2x - 3$ und $2y - 13$ jeweils Teiler von $77 = 7 \cdot 11$ sein. Es kommen also die Fälle

(I) $\quad 2x - 3 = 1 \quad$ und $\quad 2y - 13 = 77$
(II) $\quad 2x - 3 = 77 \quad$ und $\quad 2y - 13 = 1$
(III) $\quad 2x - 3 = 7 \quad$ und $\quad 2y - 13 = 11$
(IV) $\quad 2x - 3 = 11 \quad$ und $\quad 2y - 13 = 7$

in Frage. Die Lösungspaare sind demnach $(2; 45)$, $(40; 7)$, $(5; 12)$ und $(7; 10)$.

e) Es gilt $a \leq [a] < a + 1$ und damit

$$2x + \frac{2}{3} + 3x \leq \left[2x + \frac{2}{3}\right] + 3x = 15\frac{1}{3} < 2x + \frac{2}{3} + 3x + 1,$$

also $\frac{41}{15} < x \leq \frac{44}{15}$. Für die Lösungsmenge L der gegebenen Gleichung gilt also $L = \left\{x \in \mathbb{R} \mid \frac{41}{15} < x \leq \frac{44}{15}\right\}$.

Lösungen Klassenstufe 10

f) Wir formen zunächst um in

$2^2 \cdot 2^{4x} \cdot 2^{-2x^2} - 5 \cdot 2^{-x^2+2x} + 1 = 0$

$4 \cdot 2^{2(-x^2+2x)} - 5 \cdot 2^{-x^2+2x} + 1 = 0$

und substituieren $z = 2^{-x^2+2x}$.
Damit ist

$4z^2 - 5z + 1 = 0$

$z^2 - \frac{5}{4}z + \frac{1}{4} = 0$

$z_{1,2} = \frac{5 \pm 3}{8}, \quad z_1 = 1, \quad z_2 = \frac{1}{4}.$

Durch Rücksubstitution folgen die Gleichungen

$2^{-x^2+2x} = 1 \quad \text{oder} \quad 2^{-x^2+2x} = \frac{1}{4}$

bzw.

$-x^2 + 2x = 0 \quad \text{oder} \quad -x^2 + 2x = -2.$

Somit ist

$x = 0 \quad \text{oder} \quad x = 2 \quad \text{oder} \quad x = 1 + \sqrt{3} \quad \text{oder} \quad x = 1 - \sqrt{3}.$

g) Man muß erkennen, daß $\sqrt{50} = 5\sqrt{2}$ ist, erst dann sind folgende Zerlegungen möglich:

1. $\sqrt{2} + 4\sqrt{2} = 5\sqrt{2}$
2. $4\sqrt{2} + \sqrt{2} = 5\sqrt{2}$
3. $2\sqrt{2} + 3\sqrt{2} = 5\sqrt{2}$
4. $3\sqrt{2} + 2\sqrt{2} = 5\sqrt{2}.$

Damit ergeben sich wegen

$4\sqrt{2} = \sqrt{16 \cdot 2} = \sqrt{32}$ und $3\sqrt{2} = \sqrt{9 \cdot 2} = \sqrt{18}$ und
$2\sqrt{2} = \sqrt{4 \cdot 2} = \sqrt{8}$

folgende vier Zahlenpaare: (2; 32), (32; 2), (8; 18), (18; 8).

h) Wenn x eine reelle Lösung der Gleichung

$\sqrt{x + \sqrt{2x}} + \sqrt{x - \sqrt{2x}} = x$ \hfill (1)

ist, dann gilt $x \geq 0$ und ($x \leq 0$ oder $x \geq 2$) (wegen $x \geq \sqrt{2x}$), also $x = 0$ oder $x \geq 2$. Andere Werte x können keine Lösung sein.
Durch Quadrieren von (1) erhält man

$x + \sqrt{2x} + x - \sqrt{2x} + 2\sqrt{(x+\sqrt{2x})(x-\sqrt{2x})} = x^2$

$2x + 2\sqrt{x^2 - 2x} = x^2$

$2\sqrt{x^2 - 2x} = x^2 - 2x.$ \hfill (2)

Lösungen — Klassenstufe 10

Daraus folgt durch nochmaliges Quadrieren
$$4(x^2 - 2x) = (x^2 - 2x)^2,$$
also $(x^2 - 2x)(x^2 - 2x - 4) = 0$
bzw. $x(x - 2)(x^2 - 2x - 4) = 0.$ (3)

Die Gleichung (3) hat genau vier reelle Lösungen, nämlich $x_1 = 0$, $x_2 = 2$, $x_3 = 1 + \sqrt{5}$, $x_4 = 1 - \sqrt{5}$.
Von diesen Zahlen liegen x_1, x_2 und x_3 in der am Anfang ermittelten Menge von *möglichen* Werten für eine Lösung der Gleichung. Also sind x_1, x_2 und x_3 Lösungen von Gleichung (1).

19. a) Wegen $2^x \cdot 2^y = 2^{x+y} = 2^{22}$ gilt $x + y = 22$. Aus $x + y = 22$ und $x - y = 4$ folgt $2x = 26$, also $x = 13$ und somit $y = 9$.

b) Wir betrachten x_1 und x_2 als Lösungen einer gewissen quadratischen Gleichung $x^2 + px + q = 0$. Dann muß gelten (Vieta): $x_1 + x_2 = -p$ und $x_1 \cdot x_2 = q$.
Aus dem gegebenen Gleichungssystem liest man ab, daß die quadratische Gleichung mit derselben Lösungsmenge $x^2 - ax + b = 0$ lauten muß. Die Lösungen sind also reell genau dann, wenn $\frac{a^2}{4} - b \geq 0$ (bzw. $a^2 - 4b \geq 0$) gibt.

c) Nach Division durch die entsprechende Zweierpotenz erhalten wir das äquivalente Gleichungssystem:
$$2^{x-2} \cdot 3^y + 2^{z-2} = 31 \quad (1)$$
$$2^{y-2} \cdot 3^z + 2^{x-2} = 163 \quad (2)$$
$$2^{z-3} \cdot 3^x + 2^{y-3} = 19. \quad (3)$$

Gleichung (1) hat, da 31 ungerade ist, höchstens eine Lösung, und zwar dann, wenn entweder $x - 2 = 0$ und $z - 2 > 0$ oder $x - 2 > 0$ und $z - 2 = 0$ ist. Analog folgt aus Gleichung (3), daß $y - 3 = 0$ und $z - 3 > 0$ oder $y - 3 > 0$ und $z - 3 = 0$ gelten muß.
Aus beiden Teilergebnissen folgt sofort $x = 2$. Aus Gleichung (2) folgt dann $y = 3$ und $z = 4$.

d) Aus (I) folgt $yz - 2z = 3y - 8$, $\quad z(y - 2) = 3y - 8$,
$z = \dfrac{3y - 8}{y - 2}$ ($y \neq 2$) ($y = 2$ ist keine Lösung). Aus (II) folgt $zx - 4z = 3x - 8$,
$z(x - 4) = 3x - 8$, $z = \dfrac{3x - 8}{x - 4}$ ($x \neq 4$) ($x = 4$ ist keine Lösung) und

somit $\dfrac{3x - 8}{x - 4} = \dfrac{3y - 8}{y - 2}$ (IV). Aus (III) folgt $xy - y = 2x - 1$, $y(x - 1) = 2x - 1$,

$y = \dfrac{2x - 1}{x - 1}$ ($x \neq 1$) ($x = 1$ ist keine Lösung), $y = 2 + \dfrac{1}{x - 1}$ (V).

Aus (IV) und (V) folgt
$$\dfrac{3x - 8}{x - 4} = -2x + 5, \qquad (x - 4)(5 - 2x) = 3x - 8,$$

Lösungen Klassenstufe 10

$x^2 - 5x + 6 = 0$, $\quad x_{1,2} = \dfrac{5}{2} \pm \dfrac{1}{2}$; $\quad$ also
$x_1 = 3$ und $x_2 = 2$ und somit
$y_1 = 2{,}5$ und $y_2 = 3$,
$z_1 = -1$ und $z_2 = 1$.

e) Teil 1: Wenn x, y und z positive reelle Zahlen sind, dann gelten die genannten Ungleichungen

$$x + y + z > 0 \quad (\text{I})$$
$$xyz > 0 \quad (\text{II})$$
$$xy + xz + yz > 0 \quad (\text{III}),$$

da Summe und Produkt von positiven Zahlen stets wieder positive Zahlen ergeben.

Teil 2: Wir setzen voraus, x, y und z erfüllen die Ungleichungen (I), (II) und (III), und nehmen an, es wäre $x \leqq 0$. Dann ergäbe sich aus (I) und (III)

$x(x + y + z) \leqq 0 < xy + xz + yz$,

also $x^2 < yz$ und daher wegen $x^2 \geqq 0$ erst recht $yz > 0$.
Hieraus und aus $x \leqq 0$ folgte $xyz \leqq 0$ im Widerspruch zu (II). Somit ist die Annahme $x \leqq 0$ widerlegt, d. h., es muß $x > 0$ gelten. Entsprechend erhält man die Schlußfolgerungen $y > 0$ und $z > 0$.

20. Aus $q < 0$ folgt $x_1, x_2 \neq 0$ und wegen $x_1 \cdot x_2 = q$
$\quad x_1 > 0$ und $x_2 < 0$ oder $x_1 < 0$ und $x_2 > 0$.
Aus $x_1 - x_2 = 4$ ergibt sich
$x_2 = x_1 - 4$.
Da x_1 und x_2 ganze Zahlen sein sollen, sind auch p und q ganzzahlig.
Betrachtet man die Gleichungen $x_1 \cdot x_2 = q$ $(q < 0)$ und $x_2 = x_1 - 4$ als Gleichungen einer Funktionsschar $x_2 = f_q(x_1)$, q Scharparameter, bzw. einer Funktion $x_2 = g(x_1)$, so ergibt sich das nebenstehende Bild der Funktionsgraphen.
Lösungen (p; q) des Problems sind also Paare *ganzer* Zahlen, die in der graphischen Darstellung als

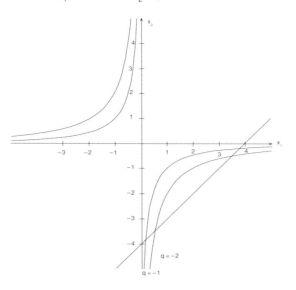

Lösungen — Klassenstufe 10

Schnittpunkte der Geraden $x_2 = x_1 - 4$ mit den Kurven der Schar $x_2 = \dfrac{q}{x_1}$ ($x_1 > 0$) auftauchen.

Schnittpunktberechnung:
$$x_1 - 4 = \frac{q}{x_1}$$
$$x_1^2 - 4x_1 - q = 0$$
$$x_{1_{I;II}} = 2 \pm \sqrt{4+q}.$$

Nun muß gelten $-4 \leq q < 0$ (q ganze Zahl), also $q = -1; -2; -3; -4$, und $x_1 > 0$. Außerdem muß $4 + q$ eine Quadratzahl sein, bleiben $q = -3$ und $q = -4$ übrig. Daraus erhält man:

$q = -3$: $x_{1_{I;II}} = 2 \pm 1$, also $x_{1_I} = 3$, $x_{1_{II}} = 1$

$q = -4$: $x_{1_{I;II}} = 2 \pm 0$, also $x_1 = 2$.

Für $q = -3$ ermittelt man weiter $x_{2_I} = -1$, $x_{2_{II}} = -3$; also $p_I = -2$ und $p_{II} = 2$.

Für $q = -4$ erhält man ebenso $x_2 = -2$ und damit $p = 0$, was aber in der Aufgabenstellung ausgeschlossen ist.

Damit ergeben sich genau zwei Gleichungen dieses Typs, für die einerseits $p \neq 0$ und $q < 0$ gelten und andererseits die für die Lösungen gestellten Bedingungen erfüllt sind:

$x^2 - 2x - 3 = 0$ und $x^2 + 2x - 3 = 0$.

21. a) Aus $(a-b)^2 \geq 0$ folgt schrittweise (mit $a, b > 0$)

$a^2 - 2ab + b^2 \geq 0$, $a^2 + 2ab + b^2 \geq 4ab$, $(a+b)^2 \geq 4ab$,

$\dfrac{a+b}{ab} \geq \dfrac{4}{a+b}$ und damit $\dfrac{1}{a} + \dfrac{1}{b} \geq \dfrac{4}{a+b}$.

Für die Ungleichung gilt deshalb

$\left(\dfrac{1}{501} + \dfrac{1}{1000}\right) + \left(\dfrac{1}{502} + \dfrac{1}{999}\right) + \left(\dfrac{1}{503} + \dfrac{1}{998}\right) + \ldots + \left(\dfrac{1}{750} + \dfrac{1}{751}\right)$

$\geq \dfrac{4}{1501} + \dfrac{4}{1501} + \ldots + \dfrac{4}{1501} = \dfrac{250 \cdot 4}{1501} = \dfrac{1000}{1501} > \dfrac{13}{20}.$

b) Wegen $\dfrac{2}{9} = 4{,}5^{-1}$ und $20{,}25 = 4{,}5^2$ ergibt sich die äquivalente Ungleichung

$$(4{,}5)^{-(x^2+x)} \geq (4{,}5)^{4x-14}.$$

Daraus folgt (Monotonie der Exponentialfunktion)

$-x^2 - x \geq 4x - 14,$

also $0 \geq x^2 + 5x - 14.$

Die Funktion $f(x) = x^2 + 5x - 14$ hat die Nullstellen $x_1 = 2$ und $x_2 = -7$ und negative Funktionswerte genau für $-7 < x < 2$.

Lösungen   Klassenstufe 10

Hieraus folgt als Lösungsmenge der gegebenen Ungleichung
$L = \{x \in \mathbb{R} \mid -7 \leq x \leq 2\}$.

c) Wegen $2x - 4 \neq 0$ gilt $x \neq 2$. Aus der gegebenen Ungleichung folgt
$$\frac{3x - 5}{2x - 4} > 2, \quad x \neq 2.$$

Nun betrachtet man zwei Fälle:

1. $2x - 4 > 0$ (d. h. $x > 2$):
   Unter dieser Voraussetzung folgt aus der Ungleichung
   $3x - 5 > 2(2x - 4)$ bzw. $x < 3$.
   Als Teil der Lösungsmenge ergibt sich $L_1 = \{x \in \mathbb{R} \mid 2 < x < 3\}$.
2. $2x - 4 < 0$ (d. h. $x < 2$):
   Jetzt erhält man $3x - 5 < 2(2x - 4)$ bzw. $x > 3$.
   Folglich gilt $L_2 = \emptyset$.
   Für die Gesamtlösungsmenge L gilt dann
   $L = L_1 \cup L_2 = \{x \in \mathbb{R} \mid 2 < x < 3\}$.

22. a) 138
       +920
       +407
       ────
       1465

b) Es gibt genau 10 Lösungen

```
  71571      71671      72472      72672
+  9642    +  9542    +  9651    +  9452
  81213      81213      82123      82123

  46346      46846      15615      15715      36736      36836
+  9821    +  9321    +  9743    +  9643    +  9825    +  9725
  56167      56167      25358      25358      46561      46561
```

c)   104   106
   +19722   +19722
   +82526   +82524
   ──────   ──────
   102352   102352

d) 91670   e) $923076 = 4 \cdot 230769$
   +91670
   + 4650
   + 4650
   ──────
   192640

Lösungen   **Klassenstufe 10**

f) $10\,008\,981 : 999 = 10\,019$
```
    999
    ‾‾‾
   1 898
     999
     ‾‾‾
    8 991
    8 991
    ‾‾‾‾‾
         0
```

g) $6^2 + 2^6 = (6 + 2^2)^2 = 100$

23. Es seien abc und def zwei dreistellige Summanden und ghik deren vierstellige Summe in dekadischer Schreibweise, wobei jedem der zehn Buchstaben genau eine der zehn Ziffern von 0 bis 9 entspricht. Aus

```
  abc
 +def
 ‾‾‾‾
 ghik
```

folgt g = 1. Wegen a + d = gh > 9 tritt hier der einzige vorhandene Übertrag auf. Wegen b + e $\leq$ 9 und c + f $\leq$ 9 kann nur h = 0 gelten. Daraus ergeben sich die Lösungen:

324	oder	432	oder	342	oder	423
+765		+657		+756		+675
1089		1089		1098		1098

also genau zwei Endbeträge, entweder 1089 oder 1098.

24.

1. 1, 4, 10, 22, 46, 94, ...
2. 1, −2, −6, 24, 120, −720, ...
3. B, C, E, G, K, O, ...
4. 1, 2, 5, 14, 41, 122, ...
5. ♀, ⧵, ‾○, ⋌, ♂, ⊸, ...
6. 2, 3, 10, 15, 26, 35, ...
7. AB, CE, FI, JN, OT, UA, BI, JR, ...
8. AB, EC, IF, OJ, UN, AT, EB, IK, ...
9. ∣, ⋀, ⋋, ∣, ⋰, ⋀, ...
10. 1, 2, 4, 8, 15, 26, 42, ...

Hinweise:

1.
```
           1   4   10   22   46   94
1. Diff.-Folge:  3   6    12   24   48
2. Diff.-Folge:  3   6    12   24
```

2. $(+1) \cdot (-2) \cdot (+3) \cdot (-4) \cdot (+5) = 120$
$(+1) \cdot (-2) \cdot (+3) \cdot (-4) \cdot (+5) \cdot (-6) = -720$

Lösungen   Klassenstufe 10

3.

A	B	C	D	E	F	G	H	I	J	K	L	M	N	O	P	...
1	2	3	4	5	6	7	8	9	10	11	12	13	14	15	16	...

+1 +1 +2 +2   +4   +4

4.   1   2   5   14   41   122

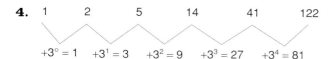

$+3^0 = 1$ $+3^1 = 3$ $+3^2 = 9$ $+3^3 = 27$ $+3^4 = 81$

5.

Schritt   1   2   3   4   5   6   7   8

Lage des Drehzentrums z

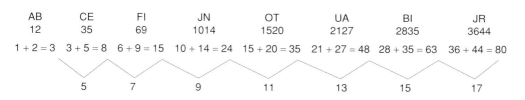

6.   2   3   10   15   26   35
1. Diff.-Folge: +1   +7   +5 +11   +9
2. Diff.-Folge: +6   −2   +6   −2

7.

A	B	C	D	E	F	G	H	I	J	K	L	M	N	O	P	Q	R	S	T	U	V	W	X	Y	Z
1	2	3	4	5	6	7	8	9	10	11	12	13	14	15	16	17	18	19	20	21	22	23	24	25	26
27	28	29	30	31	32	33	34	35	36	37	38	39	40	41	42	43	44	45	46	47	48	49	50	51	52

AB	CE	FI	JN	OT	UA	BI	JR
12	35	69	1014	1520	2127	2835	3644
1+2=3	3+5=8	6+9=15	10+14=24	15+20=35	21+27=48	28+35=63	36+44=80
5	7	9	11	13	15	17	19?

  5   7   9   11   13   15   17

8. Das erste Zeichen jedes Paares ist die Folge der fünf Vokale in Wiederholung: AEIOUAEIOUA ...;
das zweite Zeichen ist die Folge der Konsonanten, beginnend mit dem ersten (B). Man addiert den Wert 1 und erhält den zweiten (C), addiert 2 und erhält den vierten (F), addiert 3 und erhält den siebenten (J), und so fort, also B, C, F, J, N, T, B, K, ...

10.   1   2   4   8   15   26   42
1. Diff.-Folge: 1   2   4   7   11   16
2. Diff.-Folge: 1   2   3   4   5

Lösungen Klassenstufe 10

25. Durch systematisches Probieren findet man $a = 8$, $b = 4$ und $c = 1$. Xavier gewann die erste Runde, und Zachary erhielt in der letzten Runde 4 Punkte.

Vollständige Lösung:
Im Spiel wurden insgesamt $20 + 10 + 9 = 39$ Punkte vergeben, davon $a + b + c$ in jeder Runde. Also ist $a + b + c = 13$, und es wurden drei Runden gespielt ($a + b + c = 3$ und 13 Runden verstößt gegen $a > b > c$).
Aus $a + b + c = 13$ und $a > b > c$ ergeben sich genau folgende Möglichkeiten:

a	10	9	8	8	7	7	6	6
b	2	3	4	3	5	4	5	4
c	1	1	1	2	1	2	2	3

Xavier hat im günstigsten Falle zweimal gewonnen und ist einmal Zweiter geworden, also ist $20 \leq 2a + b < 3a$ und damit $a > 6$. Yvonne hat in der zweiten Runde a Punkte erhalten und in den beiden anderen Runden mindestens 2 Punkte, also ist $a + 2 \leq 10$ und damit $a \leq 8$.
Aus dem Bisherigen folgt $a = 7$ oder $a = 8$.
Wäre $a = 7$, so hätte Yvonne in zwei Runden zusammen drei Punkte erhalten, also wären $b = 2$ und $c = 1$. Dies ist aber nicht möglich, da $a + b + c$ nur 10 ergäbe.
Ist $a = 8$, so hat Yvonne in zwei Runden zusammen zwei Punkte erhalten, also gilt $c = 1$. Daraus folgt nun $b = 4$.
Damit gewann Xavier die erste Runde, und Zachary erhielt in der letzten Runde 4 Punkte.

26. Der Sieg kann in einem Spiel genau dann erzwungen werden, wenn es eine Spielweise (Strategie) gibt, die zum Siege führt. Das ist bei dem vorliegenden Spiel der Fall. Gelingt es nämlich einem Spieler, etwa A, so viele Hölzchen zu entnehmen, daß der Gegenspieler B eine durch 11 teilbare Anzahl Hölzchen vorfindet, dann kann A die von B entnommene Anzahl (1 bis 10 Hölzchen) jeweils zu 11 ergänzen, indem er seinerseits eine entsprechende Anzahl entnimmt, was nach den Spielregeln immer möglich ist. Auf diese Weise findet B stets, wenn er am Zuge ist, eine durch 11 teilbare Anzahl, nach einiger Zeit schließlich elf Hölzchen, vor, von denen er mindestens ein Hölzchen nehmen muß, aber höchstens zehn Hölzchen nehmen darf. Daher bleibt für A ein Rest von ein bis zehn Hölzchen, den er auf Grund der Spielregeln fortnehmen kann.
Im vorliegenden Spiel ergibt sich daraus: A kann stets den Sieg erzwingen, nämlich indem er beim ersten Mal durch Wegnahme von genau sieben Hölzchen die durch 11 teilbare Anzahl 143 herstellt und dann die genannte Strategie einhält.
B kann den Sieg genau dann erzwingen, wenn A wenigstens einmal nicht die genannte Strategie einhält.

Lösungen Klassenstufe 10

27. Wegen (1) wohnt Angelo nicht in Nampula, wegen (3) nicht in Lichinga, also wohnt Angelo in Inhambane. Wegen (2) wohnt Lucas nicht in Nampula, also wohnt Lucas in Lichinga und Mario in Napula.

28. Es seien v_A, v_B, v_C die gleichbleibenden Geschwindigkeiten von Anita, Bob und Carol; dann gilt

$$v_B = \frac{46}{50} v_A = \frac{23}{25} v_A, \qquad v_C = \frac{185}{200} v_B = \frac{37}{40} v_B, \text{ also}$$

$$v_C = \frac{37 \cdot 23}{40 \cdot 25} v_A = \frac{851}{1000} v_A = \frac{1000 - 149}{1000} v_A.$$

Der Vorsprung für Carol muß 149 m betragen.

29. Es seien t_1 bzw. t_2 die Zeiten für den Hin- bzw. Rückweg (in h); dann gilt

$$t_1 = \frac{x-y}{4} + \frac{y}{3} = \frac{x}{4} + \frac{y}{12},$$

$$t_2 = \frac{y}{6} + \frac{x-y}{4} = \frac{x}{4} - \frac{y}{12}.$$

Daraus folgt $t_1 + t_2 = \frac{x}{2}$. Andererseits wissen wir: $t_1 + t_2 = 5$. Also $\frac{x}{2} = 5$ bzw. $x = 10$.
Die Entfernung zwischen der Wohnung und dem Umkehrpunkt beträgt 10 km.

30. a) Wenn die Aussagen (2) und (3) wahr sind, so wurde A Zweiter und B Dritter, also ist dann Aussage (1) falsch. Daher ist es nicht möglich, daß alle vier Aussagen gleichzeitig wahr sind.
b) bis e) Wie die folgenden Beispiele zeigen, ist es jeweils möglich, daß die genannte Zahl von Aussagen wahr ist. Dabei bedeutet das Zeichen x irgendwelche von A, B, C verschiedene Teilnehmer.
Zu b) BAxCxx (genau (1), (2) und (4) sind wahr).
zu c) xAxCBx (genau (2) und (4) sind wahr),
zu d) BACxxx (genau (1) ist wahr),
zu e) CAxBxx (alle Aussagen sind falsch).

31. Bezeichnet man den Familiennamen von Bernhard mit X, den Vornamen von Dietrich mit Y, und kürzt man die vier Namen mit ihren Anfangsbuchstaben ab, so erhält man aus c) die Kombinationen BX, XY, YD. X = B ist mit a) unvereinbar. Aus X = D würde Y = B folgen, und es ergäbe sich BD, DB, BD, also kurz BD und DB. Dann müßten die beiden anderen Personen AC und CA heißen; CA ist aber mit b) unverträglich.
Daher gibt es für X nur zwei Möglichkeiten: X = A oder X = C.
1. Aus X = A folgt Y = C.
Die vier Personen heißen BA, AC, CD, DB.

Lösungen   Klassenstufe 10

2. Aus X = C folgt Y = A, also hieße eine der vier Personen CA, was aber nach b) nicht der Fall ist.
Die unter 1. angegebene Lösung ist also die einzig mögliche.

32. Der Zeichnung ist folgendes zu entnehmen:
$(92 + x) + (70 + x) + (81 + x) + (37 - x)$
$+ (23 - x) + (19 - x) + x = 322$,
$x + 322 = 322$, also $x = 0$.
Kein Student übt alle drei Sportarten aus.

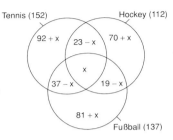

33. Angenommen, es sind x stehende, y liegende und z alte Büffel, dann gilt $x + y + z = 100$ (1) und
$5x + 3y + \frac{1}{3} z = 100$ bzw. $15x + 9x + z = 300$. Durch Subtraktion erhält man $14x + 8y = 200$ (2).
Wir formen um zu $y = 25 - \frac{7}{4} x$ (2*)
und $z = 100 - (x + y)$ (1*).
Außerdem muß gelten $x, y, z \in \mathbb{N}$ und $0 < x, y, z < 100$.
Aus $y = 25 - \frac{7}{4} x > 0$ folgt $x < \frac{100}{7} = 14{,}28 \ldots$.

Man probiert nun für $x = 1; 2; \ldots ; 14$, ob $y = 25 - \frac{7}{4} x$ eine natürliche Zahl ist, und erhält

x	4	8	12
y	18	11	4

und aus (1*)

z	78	81	84

Die Aufgabe hat also genau drei Lösungen (x; y; z):
         (4; 18; 78),   (8; 11; 81) und (12; 4; 84).

34. Die 21 Teilnehmer seien mit $J_1, J_2, \ldots, J_{21}$ bezeichnet. J_1 kennt höchstens vier Personen, seien dies J_2, J_3, J_4, J_5. Daher kennt J_1 die Personen $J_6, J_7, \ldots, J_{21}$ nicht.
J_6 kennt höchstens vier Personen, seien dies J_7, J_8, J_9, J_{10}. Also kennen J_1 und J_6 beide $J_{11}, \ldots, J_{21}$ nicht. Analog schließt man weiter: J_{11} kennt $J_{16}, \ldots, J_{21}$ nicht (und weitere), J_{16} kennt J_{21} (und weitere) nicht.
Damit ergibt sich, daß die Personen J_1, J_6, J_{11}, J_{16} und J_{21} sich gegenseitig nicht kennen.

35. 1 oder 2 Augen sind nicht zu erreichen: $W(1) = 0$; $W(2) = 0$.
3 oder 18 Augen sind in genau einem der $6^3 = 216$ Fälle zu erreichen ((1; 1; 1) oder (6; 6; 6)):
$W(3) = \frac{1}{216}$; $W(18) = \frac{1}{216}$.

Lösungen Klassenstufe 10

17 Augen sind in drei von 216 Fällen zu erreichen ((6; 6; 5), (6; 5; 6), (5; 6; 6)):
$$W(17) = \frac{3}{216} = \frac{1}{72}.$$
16 Augen sind in sechs von 216 Fällen zu erreichen:
$$W(16) = \frac{1}{36}.$$

36. Abebe erstellte anhand der Firmenangaben die folgende Tabelle bez. seiner Gehaltsentwicklung (in $) in den nächsten fünf Jahren:

		Firma A	Firma B
1. Jahr	1. Halbjahr	2500	5000
	2. Halbjahr	3100	
2. Jahr	1. Halbjahr	3700	6200
	2. Halbjahr	4300	
3. Jahr	1. Halbjahr	4900	7400
	2. Halbjahr	5500	
4. Jahr	1. Halbjahr	6100	8600
	2. Halbjahr	6700	
5. Jahr	1. Halbjahr	7300	9800
	2. Halbjahr	7900	
Summe:		52 000	37 000

37. Es seien das Alter von Herrn K., Frau K., der jüngeren Tochter, von Almut, Opa und Oma in dieser Reihenfolge mit H, F, T, A, O_1, O_2 bezeichnet. Dann gilt:

$$O_1 + O_2 + H + F + T + A = 240 \quad (1)$$
$$H + F = 3(T + A) \quad (2)$$
$$O_1 + O_2 = 2(H + F) \quad (3)$$
$$O_2 + H + F + T = 2O_1 \quad (4)$$
$$O_1 - A = 3(F - A). \quad (5)$$

Setzt man (2) in (3) ein, so erhält man $O_1 + O_2 = 6(T + A)$. (6)
Einsetzen von (2) und (6) in (1) liefert $10(T + A) = 240$, also $T + A = 24$. Daraus folgt $H + F = 72$ und $O_1 + O_2 = 144$.
Aus (4) folgt weiter:
$(H + F) + T + O_2 = 72 + (24 - A) + (144 - O_1) = 2O_1$, also $A + 3O_1 = 240$.

191

Da Almut die ältere Tochter ist, folgt aus T + A = 24 die Ungleichung
13 ≤ A ≤ 23. Also ist wegen
$O_1 = \frac{240 - A}{3}$ $\frac{217}{3} \leq O_1 \leq \frac{227}{3}$ und daher
O_1 gleich 73 oder 74 oder 75. Die zugehörigen Werte für A sind dann
21, 18 bzw. 15. Nun ist nach (5) die 3 ein Teiler von (O_1 − A), und dies
ist nur für $O_1 = 75$, A = 15 erfüllt. Aus (5) folgt F = 35 und damit H = 37.
Herr K. ist also 37 Jahre alt.

38. Werden aus der Urne zwei weiße Kugeln entnommen, so sind anschließend p − 2 weiße und q + 1 schwarze Kugeln enthalten. Werden verschiedenfarbige Kugeln entnommen, so enthält die Urne anschließend p weiße und q − 1 schwarze Kugeln. Werden zwei schwarze entnommen, so liegen anschließend p weiße und q − 1 schwarze Kugeln vor. Daher ändert sich in jedem Schritt die Anzahl der weißen Kugeln um eine gerade Zahl, und die Gesamtzahl der Kugeln nimmt um 1 ab.
Daher gilt: Ist p ungerade, so ist die letzte Kugel weiß; ist p gerade, so ist die letzte Kugel schwarz. Betrachtet man p als gegebene Größe, so ist also W („letzte Kugel ist weiß") = 0, falls p gerade, und W („letzte Kugel ist weiß") = 1, falls p ungerade.
Wird die Anzahl p der weißen Kugeln in der Urne als zufällig vorausgesetzt, so gilt W („letzte Kugel ist weiß") = $\frac{1}{2}$.

39. a)

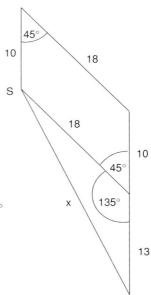

b) Nach dem Kosinussatz gilt
$x^2 = 13^2 + 18^2 − 2 \cdot 13 \cdot 18 \cdot \cos 135°$
 $= 169 + 324 + 468 \cdot \cos 45°$
 $= 493 + 468 \cdot \frac{1}{2} \cdot \sqrt{2}$
 $\approx 823,9$
$x \approx 28,7$.
Das Boot ist 28,7 sm vom Standort S entfernt.

40. a) Der kürzeste Weg von A nach B möge auf dem Streckenzug APQB liegen. Dann beträgt die Länge des Weges wegen $\overline{PQ} = s$

$$z = \overline{AP} + s + \overline{QB}.$$

Führt man nun eine Parallelverschiebung der Strecke QB so durch, daß der Punkt Q in den Punkt P überführt wird, so wird der Punkt B in einen Punkt B' überführt, und es gilt

$$\overline{BB'} = s, \quad \overline{QB} = \overline{PB'}, \quad \text{also}$$
$$z = \overline{AP} + \overline{PB'} + s.$$

Liegen nun die Punkte A, P, B' auf einer Geraden, so ist der Weg von A nach B' am kürzesten und daher auch z am kleinsten. Daraus ergibt sich die Konstruktion:
Man errichtet auf RB in B die Senkrechte und legt darauf den Punkt B' so fest, daß $\overline{BB'} = s$. Dann verbindet man B' mit A und erhält den Schnittpunkt P mit der Uferlinie. Nun verbindet man A mit P, errichtet in P auf der Uferlinie die Senkrechte bis zum Punkt Q auf dem anderen Ufer und verbindet Q mit B.

b) Man erhält

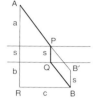

$$z = \overline{AB'} + s = \sqrt{(a+b)^2 + c^2} + s$$
$$= (\sqrt{800^2 + 600^2} + 200)\,m$$
$$= (\sqrt{1\,000\,000} + 200)\,m = 1200\,m.$$

Die Länge des kürzesten Weges APQB beträgt also 1,2 km.

41. Die Massen der 13 Wägestücke seien $a_1, a_2, \ldots, a_{13}$. Dann gilt nach Voraussetzung

$$a_1 + a_3 + a_4 + \ldots + a_7 = a_8 + a_9 + \ldots + a_{13},$$
$$a_2 + a_3 + a_4 + \ldots + a_7 = a_8 + a_9 + \ldots + a_{13}.$$

Daraus folgt durch Subtraktion $a_1 = a_2$. Analog weist man nach, daß auch $a_1 = a_3, a_1 = a_4, \ldots, a_1 = a_{13}$ gilt; d. h., alle Wägestücke haben dieselbe Masse.

42. (A)
Die Anzahl der Massestücke zu 100 g sei x und die Länge der Feder L; dann gilt $20 + 3x = 17 + 4{,}2x$, also $x = 2{,}5$. Daraus folgt $L = 17\,cm + 2{,}5 \cdot 4{,}2\,cm = 27{,}5\,cm$.

43. Jedes der vier flächeninhaltsgleichen Teile hat einen Flächeninhalt von $\frac{1}{4}$. Für das abgeschnittene Dreieck gilt also $\frac{a^2}{2} = \frac{1}{4}$, also $a = \frac{1}{2}\sqrt{2}$. Nun wird das obere Viereck, wie in der Skizze gezeigt, verschoben.
Dann gilt in dem Quadrat ABCD: $b^2 - \frac{1}{2}[b - (1-a)]^2 = \frac{1}{2}$.

Lösungen Klassenstufe 10

Daraus folgt:

$b^2 - \frac{1}{2}b^2 + b(1-a) - \frac{1}{2}(1-a)^2 - \frac{1}{2} = 0$

$b^2 + 2b(1-a) - (1-a)^2 - 1 = 0$

$b_{1,2} = -(1-a) \pm \sqrt{(1-a)^2 + (1-a)^2 + 1}$.

Da $b > 0$ ist, folgt

$b = \sqrt{2(1-a)^2 + 1} - (1-a)$ mit $a = \frac{1}{2}\sqrt{2}$.

44. Aus $x + z = y + 2u$ und $x + y = z + u$ folgt durch Addition $2x = 3u$, also $u = \frac{2}{3}x$.
Wegen $x + z = y + 1 + z$ gilt $x = y + 1$.
Wegen $x + y = u + 1 + x$ gilt $y = u + 1$.
Daraus folgt durch Einsetzen $x = u + 2$, also $x = \frac{2}{3}x + 2$, $\frac{x}{3} = 2$, $x = 6$ und somit $u = 4$, $y = 5$, $z = 7$.

45. $\triangle CDF \cong \triangle CBE$, also $\overline{CF} = \overline{CE}$. $\overline{CD} = \sqrt{256} = 16$.
Sei $\overline{DF} = x$. Dann ist $\overline{CF} = \overline{CE} = \sqrt{x^2 + 16^2}$.
Für den Flächeninhalt des Dreiecks CEF gilt somit $\frac{1}{2}(\sqrt{x^2 + 16^2})^2 = 200$,
$x^2 + 256 = 400$, $x = 12$.

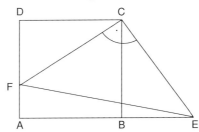

46. Im gleichseitigen Dreieck ABC gilt $\angle CAB = \alpha = 60°$. Der stumpfe Winkel (mit Scheitel in A) des äußeren schraffierten Dreiecks beträgt dann $360° - 2 \cdot 90° - \alpha = 180° - \alpha = 120°$.
Für den Flächeninhalt A_i des inneren Dreiecks ($\triangle ABC$) gilt $A_i = \frac{1}{2}a^2 \sin 60°$, für den des äußeren Dreiecks $A_a = \frac{1}{2}a^2 \sin 120°$. Wegen $\sin 60° = \sin 120°$ gilt $A_i = A_a$. (Die äußeren Dreiecke sind zueinander kongruent, also sind ihre Flächeninhalte gleich).

47. Wegen $\angle CBF = 60°$ und $\overline{BC} = 4$ gilt im rechtwinkligen Dreieck BFC $\overline{BF} = \frac{1}{2}\overline{BC} = 2 \left(\sin 30° = \frac{\overline{BF}}{4} = \frac{1}{2}\right)$, also $\overline{CF} = 2\sqrt{3}$. Im rechtwinkligen Dreieck BCD gilt $\overline{BD} = \sqrt{x^2 + 16}$; für das rechtwinklige Dreieck GCD gilt $y = \sqrt{x^2 - 25}$.

Lösungen — Klassenstufe 10

Daraus folgt für das rechtwinklige Dreieck ABD

$(2\sqrt{3} + \sqrt{x^2 - 25})^2 + 3^2 = (\sqrt{x^2 + 16})^2$,

$12 + 4\sqrt{3} \cdot \sqrt{x^2 - 25} + x^2 - 25 + 9 = x^2 + 16$,

$4\sqrt{3} \cdot \sqrt{x^2 - 25} = 20$,

$x^2 - 25 = \dfrac{25}{3}$,

$x^2 = \dfrac{100}{3}$, $x = \dfrac{10}{\sqrt{3}}$.

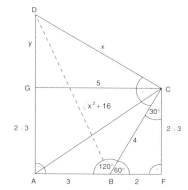

48. Es seien u der Umfang des Dreiecks, $s = \dfrac{u}{2}$, a, b, c die drei Seitenlängen, A sein Flächeninhalt, α, β, γ die Winkel in üblicher Bezeichnung. Aus $a = b - 1$ und $c = b + 1$ folgt $s = \dfrac{a + b + c}{2} = \dfrac{3}{2} b$. Weiter ist $s - a = \dfrac{3}{2} b - (b - 1) = \dfrac{1}{2} b + 1$, $s - b = \dfrac{1}{2} b$, $s - c = \dfrac{1}{2} b - 1$. Nun gilt $A = \sqrt{s(s-a)(s-b)(s-c)}$, also

$A^2 = 36 = \dfrac{3}{2} b \left(\dfrac{1}{2} b + 1 \right) \cdot \dfrac{1}{2} b \left(\dfrac{1}{2} b - 1 \right)$,

$192 = b(b+2) \cdot b(b-2) = b^2(b^2 - 4) = b^4 - 4b^2$, $b^4 - 4b^2 - 192 = 0$,
$b^2 = 16$, $b = 4$, also $a = 3$ und $c = 5$.
Das Dreieck ist also rechtwinklig.

Aus $A = \dfrac{1}{2} ac \cdot \sin \beta$ folgt $\sin \beta = \dfrac{2A}{ac} = \dfrac{12}{15} = 0{,}8$ und somit
$\beta = 53{,}13°$, $\alpha = 36{,}87°$, $\gamma = 90°$.

49. Die Summe der Innenwinkel eines n-Ecks beträgt stets $180° \cdot (n - 2)$. Die Innenwinkelgrößen des gegebenen n-Ecks bilden eine arithmetische Folge mit $a = 120°$ und $d = 5°$. Deshalb gilt (Summenwert einer endlichen arithmetischen Folge)

$\dfrac{n}{2} [2a + (n-1) d] = 180° \cdot (n-2)$,

also $\dfrac{n}{2} [240° + (n-1) \cdot 5°] = 180° n - 360°$.

Man erhält $n^2 - 25n + 144 = 0$ und daraus $n_1 = 16$ und $n_2 = 9$. Das Vieleck kann also 16 oder auch 9 Seiten (Ecken) haben.

50. Es sei M der Schnittpunkt der beiden Winkelhalbierenden AD und BE. Da AB Tangente an den Inkreis des Dreiecks ABC ist, steht MF senkrecht auf AB. Von E und D wurden die Lote auf AB gefällt;

ihre Fußpunkte seien G und H. Nach dem Strahlensatz gilt $\overline{DH} : \overline{AD} = \overline{MF} : \overline{AM}$ und wegen $\overline{AD} = \overline{BE}$ auch $\overline{DH} : \overline{BE} = \overline{MF} : \overline{AM}$. Ferner gilt $\overline{EG} : \overline{BE} = \overline{MF} : \overline{BM}$. Daraus folgt $\overline{DH} \cdot \overline{AM} = \overline{EG} \cdot \overline{BM}$ bzw. $\overline{DH} : \overline{EG} = \overline{BM} : \overline{AM}$.

Es sei S der Schnittpunkt der Kreise um A und B mit dem Radius $r = \overline{AD} (= \overline{BE})$. Da das Dreieck ABS gleichschenklig ist, ist das Lot von S auf AB Mittelsenkrechte von AB und Winkelhalbierende. Deshalb muß dieses Lot durch die Punkte M und F gehen. Daraus folgt $\overline{AM} = \overline{BM}$, $\overline{AF} = \overline{BF}$, also auch $\overline{DH} = \overline{EG}$. Die Dreiecke AHD und GBE sind somit kongruent, und es gilt $\dfrac{\alpha}{2} = \dfrac{\beta}{2}$ bzw. $\alpha = \beta$. Daraus folgt $\overline{BC} = \overline{AC}$; $\triangle ABC$ ist also gleichschenklig.

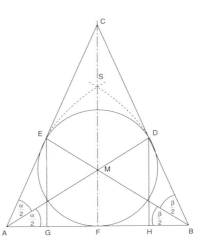

51. Die über AC und BC nach außen errichteten gleichschenklig-rechtwinkligen Dreiecke seien ACD bzw. CBE. Wegen

$\sphericalangle ACD + \sphericalangle ACB + \sphericalangle BCE = 45° + 90° + 45° = 180°$

liegt C auf der Geraden durch D und E. Noch zu zeigen ist: Auch die Spitze F des Dreiecks über der Hypotenuse liegt auf dieser Geraden.

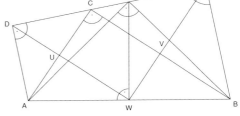

Die Mittelpunkte von AC, BC und AB seien U, V bzw. W. Der Kreis mit AB als Durchmesser und W als Mittelpunkt geht nach der Umkehrung des Satzes von Thales durch C, ist also der Umkreis des Dreiecks ABC. Folglich liegt sein Mittelpunkt W auf den Mittelsenkrechten von AC und BC. UWVC ist also ein Rechteck.
Da die Dreiecke ACD und CBE gleichschenklig sind, liegen D und E auf den Verlängerungen von UW bzw. VW, und wegen
$\sphericalangle WDC = \sphericalangle WEC = 45°$ gilt $\quad \overline{WD} = \overline{WE}$. (1)
Die Mittelsenkrechte von AB schneide DE in F, dann gilt
$\sphericalangle DWF = 90° - \sphericalangle AWU = 90° - \sphericalangle WBV = \sphericalangle EWB$ (2)
$\sphericalangle FWD = 45° = \sphericalangle BEW$. (3)
Aus (1), (2), (3) folgt $\triangle DFW \cong \triangle EBW$, also $\overline{WF} = \overline{WB}$. Daher ist $\triangle ABF$ das über AB nach innen errichtete gleichschenklig-rechtwinklige Dreieck. Dessen Ecke F liegt somit ebenfalls auf der Geraden (ED).

52. Aus $\overline{AB}^2 + \overline{AC}^2 = \overline{BC}^2$ und $\overline{AM} = \frac{1}{2}\overline{BC}$ (bzw. $\overline{AM}^2 = \frac{1}{4}\overline{BC}^2$, $2\overline{AM}^2 = \frac{1}{2}\overline{BC}^2$) folgt

$2\overline{AM}^2 = \frac{1}{2}(\overline{AB}^2 + \overline{AC}^2)$,

$\overline{AM}^2 = \frac{1}{2}(\overline{AB}^2 + \overline{AC}^2) - \overline{AM}^2$,

$\overline{AM}^2 = \frac{1}{2}(\overline{AB}^2 + \overline{AC}^2) - \frac{1}{4}\overline{BC}^2$, also $\overline{AM}^2 = \frac{1}{2}(\overline{AB}^2 + \overline{AC}^2 - \frac{1}{2}\overline{BC}^2)$.

53. Es sei ABC ein gleichschenkliges Dreieck mit den Schenkellängen $\overline{BC} = a$ und $\overline{AC} = a$. P sei ein Punkt der Basis AB, der von BC den Abstand $\overline{PR} = d_1$ und von AC den Abstand $\overline{PS} = d_2$ habe. Nun ist der Flächeninhalt $A_\triangle$ des Dreiecks ABC gleich der Summe der Flächeninhalte der Dreiecke PBC und APC, also

$A_\triangle = \frac{a \cdot d_1}{2} + \frac{a \cdot d_2}{2} = \frac{a}{2}(d_1 + d_2)$.

Daraus folgt $d_1 + d_2 = \frac{2 \cdot A_\triangle}{a}$, d. h., die Summe der Abstände eines beliebigen Punktes P auf AB von den Schenkeln ist für alle P konstant.

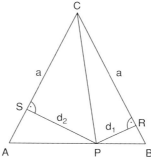

54. Von dem Trapez sind gegeben: Flächeninhalt $A = 2$, Summe der Diagonalenlängen $d_1 + d_2 = 4$ (in m² bzw. m).
Das Trapez hat denselben Flächeninhalt wie ein Dreieck mit den Seitenlängen d_1, d_2 und $a + c$ („Verschiebung einer Diagonalen"). Der Flächeninhalt A dieses Dreiecks beträgt $A = \frac{1}{2}d_1 d_2$ sind δ.

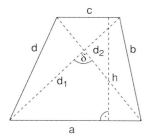

Trapez

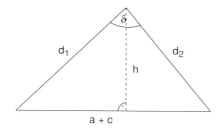

flächeninhaltsgleiches Dreieck

Mit A = 2 ergibt sich

$$d_1 d_2 = \frac{4}{\sin \delta}.$$ (1)

Außerdem gilt: $d_1 + d_2 = 4$, $d_2 = 4 - d_1$. (2)

(2) in (1) eingesetzt ergibt eine Gleichung für d_1:

$$4d_1 - d_1^2 = \frac{4}{\sin \delta} \quad \text{bzw.} \quad d_1^2 - 4d_1 + \frac{4}{\sin \delta} = 0.$$

Für die Lösungen $d_{1;2}$ dieser Gleichung gilt $d_{1,2} = 2 \pm \sqrt{4 - \frac{4}{\sin \delta}}$.

Also gibt es Lösungen nur, falls $4 - \frac{4}{\sin \delta} \geqq 0$ bzw. $\sin \delta \geqq 1$ ($0° < \delta < 180°$).

Daraus folgt, daß $\delta = 90°$ gelten muß.
Für die Diagonale d_1 ergibt sich damit die Länge $d_1 = 2$. Weiter erhält man $d_2 = 4 - d_1 = 2$ und über $A = \frac{1}{2}(a+c)h = 2$ und $d_1^2 + d_2^2 = (a+c)^2 = 8$

$$h = \frac{4}{a+c} = \frac{4}{\sqrt{8}} = \frac{4}{2\sqrt{2}} = \sqrt{2}.$$

Die Höhe des Trapezes ist also $\sqrt{2}$ m lang.

55. Offenbar ist die Gerade (SM) Symmetrieachse des Trapezes, und das Dreieck MCD gleichseitig. Gesucht ist die Größe des Winkels φ. In der Figur taucht an vielen Stellen derselbe Winkel α auf (gleich-

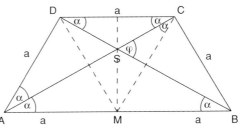

schenklige Dreiecke, Wechselwinkel an geschnittenen Parallelen), so daß man leicht $2\alpha = 60°$ erkennt ($\angle$MCD). Aus $\triangle$DSC liest man dann ab $180° - \varphi = 180° - 2\alpha$, also $\varphi = 60°$.

56. Wenn es einen Rhombus ABCD mit den genannten Eigenschaften gibt, so liegt seine Diagonale AC in der Geraden h, also geht B bei der Spiegelung an h in D über. Konstruiert man also diejenige Gerade g', die aus g durch die Spiegelung an h entsteht, so muß D ein Schnittpunkt von g' mit k sein.
Wie die Konstruktion zeigt, schneiden sich g' und k in genau zwei Punkten D_1 und D_2. Für jeden dieser beiden Punkte gilt: Spiegelt man ihn an h, so liegt der erhaltene Punkt B_1 bzw. B_2 auf g. Ferner gilt: Schneidet h die Strecke $B_1 D_1$ bzw. die Strecke $B_2 D_2$ in S_1 bzw. S_2 und verlängert man die Strecke AS_1 bzw. AS_2 um ihre eigene Länge bis C_1 bzw. C_2, so liegt der erhaltene Punkt C_1 bzw. C_2 auf h, und sowohl $AB_1C_1D_1$ als auch

Lösungen   Klassenstufe 10

$AB_2C_2D_2$ ist je ein Viereck, in dem die Diagonalen aufeinander senkrecht stehen und einander halbieren, also je ein Rhombus. Es gibt also mehr als einen Rhombus mit den genannten Eigenschaften; ferner ist (bei der vorgegebenen Lage) offensichtlich $AD_1 \neq AD_2$, d. h., die beiden Rhomben $AB_1C_1D_1$ und $AB_2C_2D_2$ haben voneinander verschiedene Seitenlänge. Sie sind folglich nicht zueinander kongruent.

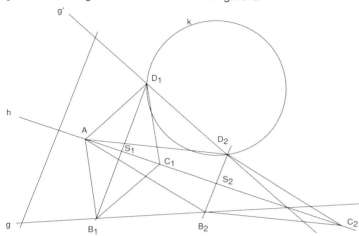

57. Die Bezeichnungen seien wie in der Skizze eingeführt.
Es ist $\gamma = 120°$ und $\overline{AC} = \overline{BC}$.
Im Dreieck MCF gilt $\sin \dfrac{\gamma}{2} = \dfrac{r}{\overline{MC}}$, wobei $\dfrac{\gamma}{2} = 60°$ ist.

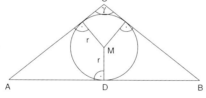

Also wird
$$\overline{MC} = \dfrac{r}{\sin 60°} = \dfrac{r}{\frac{1}{2}\sqrt{3}} = \dfrac{2}{3}\sqrt{3}\, r.$$

Damit ist $\overline{DC} = \overline{DM} + \overline{MC} = \left(1 + \dfrac{2}{3}\sqrt{3}\right) r$.

Im Dreieck ADC gilt $\tan \dfrac{\gamma}{2} = \dfrac{\overline{AD}}{\overline{DC}}$, also $\overline{AD} = \overline{DC} \cdot \tan \dfrac{\gamma}{2}$
$= \sqrt{3}\,\overline{DC} = (2 + \sqrt{3})\, r$.

Wegen $\overline{AB} = 2\,\overline{AD}$ ist $\overline{AB} = 2(2 + \sqrt{3})\, r$.
Im Dreieck ADC gilt $\cos 60° = \dfrac{\overline{DC}}{\overline{AC}}$, also

$\overline{AC} = \dfrac{\overline{DC}}{\cos 60°} = 2\left(1 + \dfrac{2}{3}\sqrt{3}\right) r$, und es ist $\overline{BC} = \overline{AC}$.

Lösungen   **Klassenstufe 10**

58. Für den Flächeninhalt des Dreiecks M_1M_2S gilt $A = \frac{1}{2} r^2 \sin \varphi$.
Für $\sin 90° = 1$ wird der Flächeninhalt A bei gegebenem r ein Maximum.
Die Kreise müssen sich deshalb so schneiden, daß der Winkel
$M_1SM_2 = \varphi$ ein rechter Winkel ist, d. h., es muß $\overline{M_1M_2} = \sqrt{2}\, r$ gewählt
werden (wegen $\sin \frac{\varphi}{2} = \sin 45° = \frac{\overline{M_1Z}}{r} = \frac{1}{2}\sqrt{2}$, also

$\overline{M_1Z} = \frac{1}{2}\overline{M_1M_2} = \frac{1}{2}\sqrt{2}\, r$).

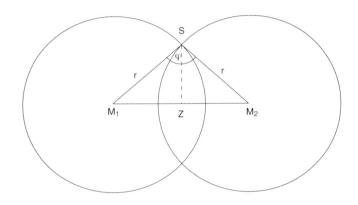

59. Wir verbinden die Mittelpunkte E und G bzw. F und H der Quadratseiten (siehe Skizze). Die Verbindungsstrecken schneiden sich in S.
Es sei $\overline{AB} = a$, also ist $\overline{EB} = \frac{a}{2}$. Dann gilt $\left(\frac{a}{2}\right)^2 = 2 \cdot \frac{1}{4} \pi \left(\frac{a}{2}\right)^2 - A_x$,
wobei A_x der Flächeninhalt des Kreisbogenzweiecks ist. Daraus folgt
$A_x = \frac{1}{8}\pi a^2 - \frac{1}{4}a^2 = \frac{1}{8}a^2(\pi - 2)$.
Wir erhalten somit (A_Q der Flächeninhalt des Quadrates)

$A_x : A_Q = \frac{1}{8} a^2 (\pi - 2) : a^2 = \frac{1}{8}(\pi - 2) \approx 0{,}14$.

Der Flächeninhalt des Kreisbogenzweiecks beträgt rund 14% vom Flächeninhalt des Quadrates ABCD.

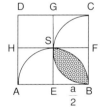

60. Der Thaleskreis über PQ als Durchmesser schneide den gegebenen Kreis k in den Punkten R und S; die Gerade (RP) schneide k in A, die Gerade (RQ) schneide k in B. Dann ist Dreieck ABR rechtwinklig. Analog dazu ist auch Dreieck CDS rechtwinklig. Die Aufgabe ist nur lösbar, wenn der Thaleskreis über PQ und der gegebene Kreis k gemeinsame Punkte haben (einen Berührpunkt oder zwei Schnittpunkte).

200

Lösungen Klassenstufe 10

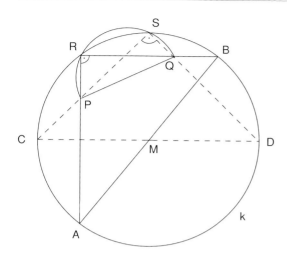

61. Sind u und v die Durchmesserlängen der beiden nach oben gewölbten Halbkreise und w, x, y, z die der nach unten gewölbten, so ist die Summe der Längen der oberen Halbkreisbögen

$$s_1 = \frac{\pi}{2} u + \frac{\pi}{2} v = \frac{\pi}{2}(u+v)$$

und die der unteren

$$s_2 = \frac{\pi}{2}(w+x+y+z).$$

Da laut Zeichnung $u + v = w + x + y + z = \overline{AB}$ ist, folgt

$$s_1 = s_2 = \frac{\pi}{2}\,\overline{AB}.$$

Beide Summen sind also gleich groß.

62. a) Seien a, b, c die Kantenlängen des Quaders. Dann gilt
$V = abc = 8$ (cm³), $O = 2(ab + ac + bc) = 32$ (cm²) und $b = aq$ und $c = aq^2$.
Daraus folgt $V = a^3 q^3 = 8$, also $aq = 2$.
Gesucht ist die Summe s der Kantenlängen. Es ist
$s = 4(a+b+c) = 4(a + aq + aq^2) = 4a(1+q+q^2)$.
Aus $ab + ac + bc = a^2q + a^2q^2 + a^2q^3 = a^2q(1+q+q^2) = 16$ und $aq = 2$
folgt $a(1+q+q^2) = 8$, also $s = 4a(1+q+q^2) = 32$.

b) Konstruktion siehe Abbildung.
Konstruktionsbeschreibung:
(1) Man konstruiert den Schnittpunkt M′ der Strecken E′G′ und F′H′.
(2) Man konstruiert den Schnittpunkt S′ der Strecken A′M′ und E′C′.
Beweis, daß der so konstruierte Punkt S′ das Bild des in der Aufgabe genannten Punktes S ist:

201

Lösungen   Klassenstufe 10

Wegen AE ∥ CG liegen A, E, C und G in einer Ebene η. Diese enthält mit E und G auch den Schnittpunkt M der Rechteckdiagonalen EG und FH; dabei hat M als Bild den in (1) konstruierten Schnittpunkt von E'G' und F'H'. Die Ebene ε durch A, F, H enthält mit F und H auch M. Da somit die Ebenen η und ε beide die Punkte A und M enthalten, ist die Gerade g durch A und M die Schnittgerade von η und ε.
Ferner enthält η die Strecke EC; folglich enthält g den Schnittpunkt S von EC und ε; dessen Bild S' ist somit der in (2) konstruierte Schnittpunkt der Bildgeraden g' mit der Strecke E'C'.

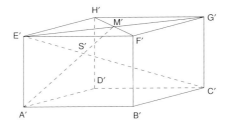

63. a) $O = (6 \cdot 3^2 - 6 \cdot 1^2 + 6 \cdot 4 \cdot 1^2) \, m^2 = 72 \, m^2$

b) $V = \frac{1}{3}\left(\frac{1}{2} \cdot 1 \cdot \frac{1}{2}\right) \cdot \frac{1}{2} \, (VE) = \frac{1}{24} \, (VE)$

64. Die Volumina der Pyramiden P_1 bzw. P_2 betragen jeweils
$V = \frac{1}{3} a^2 \cdot a = \frac{1}{3} a^3$.
Ist A' der Schnittpunkt von AM_1 mit EM_2, B' der Schnittpunkt von BM_1 mit FM_2, C' der Schnittpunkt von CM_1 mit GM_2 und D' der Schnittpunkt von DM_1 mit HM_2, so gilt, da die Dreiecke $A'M_1E$ und $A'AM_2$ kongruent sind, $\overline{A'M_1} = \overline{A'A}$, $\overline{B'M_1} = \overline{B'B}$ usw., also nach dem Strahlensatz $\overline{A'B'} : a = 1 : 2$, $\overline{A'B'} = \frac{a}{2}$.
Ferner haben die Pyramiden $A'B'C'D'M_1$ und $A'B'C'D'M_2$ eine quadratische Grundfläche mit der Seitenlänge $\frac{a}{2}$ sowie die Höhe $\frac{a}{2}$.

a) Der Körper, der aus allen Punkten der Durchschnittsmenge $P_1 \cap P_2$ besteht, setzt sich nun aus diesen beiden Pyramiden zusammen.
Sein Volumen ist daher gleich $V_1 = 2 \cdot \frac{1}{3}\left(\frac{a}{2}\right)^2 \frac{a}{2} = \frac{1}{12} a^3$.

b) Der Körper, der aus allen Punkten der Vereinigungsmenge $P_1 \cup P_2$ besteht, setzt sich aus zwei quadratischen Pyramidenstümpfen zusammen, bei denen der Flächeninhalt der Grundfläche gleich a^2, der der Deckfläche gleich $\frac{a^2}{4}$ und die Länge der Höhe gleich $\frac{a}{2}$ ist.
Sein Volumen ist daher gleich
$V_2 = 2\left(\frac{1}{3} a^2 \cdot a - \frac{1}{3} \cdot \frac{a^2}{4} \cdot \frac{a}{2}\right) = \frac{2}{3} a^3 \left(1 - \frac{1}{8}\right) = \frac{7}{12} a^3$.

Lösungen — Klassenstufe 10

c) Die Volumina der beiden Körper verhalten sich wie
$$V_1 : V_2 = \frac{1}{12}a^3 : \frac{7}{12}a^3 = 1 : 7.$$

65. Ist r der Radius des in der Aufgabe genannten Kreises um M, so gilt $\overline{AM} = a - r$, $\overline{BM} = a - r$.
Daher liegt M auf der Mittelsenkrechten m von AB. Da E auf m und auf AB liegt, sind die Dreiecke AEM und FEM bei E rechtwinklig, und es gilt (Satz des Pythagoras)
$$\overline{ME}^2 = \overline{AM}^2 - \overline{AE}^2 = (a-r)^2 - \left(\frac{a}{2}\right)^2 \qquad (1)$$
sowie
$$\overline{ME}^2 = \overline{FM}^2 - \overline{FE}^2 = \left(\frac{a}{4}+r\right)^2 - \left(\frac{a}{4}\right)^2. \qquad (2)$$
Wegen der vorausgesetzten Berührung von außen gilt $\overline{FM} = \frac{a}{4} + r$. Aus (1) und (2) ergibt sich
$$(a-r)^2 - \left(\frac{a}{2}\right)^2 = \left(\frac{a}{4}+r\right)^2 - \left(\frac{a}{4}\right)^2, \quad \text{also} \quad \frac{3}{4}a^2 = \frac{5}{2}ar, \quad r = \frac{3}{10}a.$$
Mit Hilfe von (1) erhält man hieraus
$$\overline{ME}^2 = \left(\frac{7}{10}a\right)^2 - \frac{a^2}{4} = \frac{24}{100}a^2, \quad \text{also} \quad \overline{ME} = \frac{\sqrt{6}}{5}a.$$

66. $a^2 + b^2 = c^2 \qquad 2r_1^2 = b^2 \qquad 2r_2^2 = c^2 \qquad 2r_3^2 = a^2$

Dreiecksfläche: $A_\triangle = \dfrac{ab}{2}$

"Sichelfläche":
$$\begin{aligned}
A_S &= \frac{ab}{2} + \frac{\pi r_2^2}{4} - \frac{r_2^2}{2} - \frac{\pi r_1^2}{4} + \frac{r_1^2}{2} - \frac{\pi r_3^2}{4} + \frac{r_3^2}{2} \\
&= \frac{ab}{2} + \frac{\pi}{4}(r_2^2 - r_1^2 - r_3^2) + \frac{1}{2}(r_1^2 - r_2^2 + r_3^2) \\
&= \frac{ab}{2} + (r_1^2 - r_2^2 + r_3^2)\left(\frac{1}{2} - \frac{\pi}{4}\right) \\
&= \frac{ab}{2} + \left(\frac{b^2}{2} - \frac{c^2}{2} + \frac{a^2}{2}\right)\left(\frac{1}{2} - \frac{\pi}{4}\right) \\
&= \frac{ab}{2} + \frac{1}{2}\underbrace{(a^2 + b^2 - c^2)}_{=0}\left(\frac{1}{2} - \frac{\pi}{4}\right) \\
&= \frac{ab}{2}
\end{aligned}$$

Also gilt $A_\triangle = A_S$.

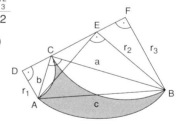

Herkunftsländer der Aufgaben

Klasse 5

1	DDR	24	Estland	45	USA
2	DDR	25	Belgien	46	Australien
3	UdSSR	26	UdSSR	47	USA
4	Botswana	27	UdSSR	48	USA
5	DDR	28	USA	49	Österreich
6	Australien	29	England	50	Mongolei
7	Philippinen	30	USA	51	UdSSR
8	UdSSR	31 a, c	UdSSR	52	UdSSR
9	UdSSR	b	Belgien	53	England
10	DDR	32	USA	54	DDR
11	USA	33	Belgien	55	DDR
12	UdSSR	34	Belgien	56	DDR
13	UdSSR	35	Australien	57	DDR
14	DDR	36	Australien	58	DDR
15a	USA	37	UdSSR	59	USA
b	England	38a	England	60	Botswana
16	UdSSR	b	ČSSR	61	Estland
17	DDR	c	BRD	62	Estland
18	Jugoslawien	39	UdSSR	63	Algerien
19	Estland	40	Rumänien	64	DDR
20	Estland	41	ČSSR	65	England
21	Bulgarien	42	USA	66	DDR
22	Estland	43	DDR		
23	USA	44	DDR		

Klasse 6

1	Mongolei	23	Tanzania	47	Australien
2	DDR	24	DDR	48	USA
3	DDR	25	UdSSR	49	Botswana
4	DDR	26	Ungarn	50	Botswana
5	Australien	27a	UdSSR	51	Ungarn
6	ČSSR	b	USA	52	USA
7	Botswana	28	Äthiopien	53	Belgien
8	Australien	29	Botswana	54	Belgien
9	USA	30	Botswana	55	Belgien
10	Tanzania	31	Estland	56	Belgien
11	Rumänien	32	Äthiopien	57a	Belgien
12	Mongolei	33	UdSSR	b	Philippinen
13	Mongolei	34	Österreich	58	Belgien
14	UdSSR	35	DDR	59	UdSSR
15	UdSSR	36	Kanada	60a	England
16	USA	37	DDR	b	DDR
17a	Portugal	38	Australien	61a	Belgien
b	Norwegen	39	Australien	b	Australien
c	Mongolei	40	USA	c	USA
18	USA	41	UdSSR	d	UdSSR
19	Botswana	42	UdSSR	62	UdSSR
20	Polen	43	DDR	63	Griechenland
21	USA	44	Rumänien	64	Belgien
22	Belgien	46	UdSSR		

Klasse 7

1	ČSSR	24	Botswana	47	Australien
2	Rumänien	25	Botswana	48	Belgien
3	Österreich	26	DDR	49	DDR
4a	Rumänien	27	Frankreich	50	BRD
b, c	Jugoslawien	28	England	51a	Belgien
5	UdSSR	29	UdSSR	b	DDR
6	Botswana	30	Belgien	52a	Estland
7	Österreich	31a	UdSSR	b	Belgien
8	Australien	b	Schweiz	53	USA
9	UdSSR	32a	Ungarn	54	England
10	Rumänien	b	Frankreich	55	ČSSR
11	Tanzania	33	Australien	56	Ungarn
12	UdSSR	34	Mexiko	57	Belgien
13	Rumänien	35	USA	58	Belgien
14	Rumänien	36	USA	59	Belgien
15	UdSSR	37	USA	60	Ungarn
16	USA	38	Belgien	61	UdSSR
17	USA	39	DDR	62	UdSSR
18a	DDR	40	UdSSR	63	ČSSR
b	UdSSR	41	Bulgarien	64	BRD
19	BRD	42	Botswana	65a	BRD
20	USA	43	Ungarn	b	Botswana
21	USA	44	DDR	66	DDR
22	DDR	45	USA		
23	Australien	46	DDR		

Klasse 8

1	Polen	21	Finnland	44a	Belgien
2	Rumänien	22	BRD	b	Kolumbien
3	ČSSR	23	Bulgarien	45	DDR
4	DDR	24	Polen	46	UdSSR
5a	Jugoslawien	25	Ungarn	47	Rumänien
b	DDR	26	Griechenland	48	UdSSR
6	DDR	27	Island	49	BRD
7	England	28	DDR	50	Frankreich
8	Vietnam	29	Frankreich	51	Ungarn
9a, b, c, e	Rumänien	30	UdSSR	52	DDR
d	Norwegen	31	USA	53	Botswana
10	Ungarn	32a	Ungarn	54	Kuba
11	Äthiopien	b	Australien	55	Niederlande
12	DDR	33	UdSSR	56	ČSSR
13	USA	34	DDR	57	BRD
14	USA	35	Ungarn	58	BRD
15	BRD	36	Tanzania	59	UdSSR
16	BRD	37	ČSSR	60	Ungarn
17a	DDR	38	Äthiopien	61	Botswana
b	Jugoslawien	39	Belgien	62	ČSSR
18a	ČSSR	40	Jugoslawien	63	Ungarn
b	Jugoslawien	41	DDR	64	Australien
c	BRD	42	DDR	65a	BRD
19	Slowakei	43	Ungarn	b	DDR
20	DDR			66	BRD

Klasse 9

1	Polen	24a	DDR	49	Österreich
2	Polen	b	USA	50	England
3	Rumänien	25	Kanada	51a	Belgien
4	Ungarn	26	BRD	b	BRD
5	DDR	27	Österreich	52	Jugoslawien
6	BRD	28	Belgien	53	Kuba
7	Rumänien	29	Ungarn	54	ČSSR
8	Polen	30	Österreich	55	Kuba
9	Australien	31	Australien	56	Bulgarien
10a, d	UdSSR	32	Mongolei	57	Belgien
b	Vietnam	33a	BRD	58	UdSSR
c	Belgien	b	DDR	59	DDR
e	Bulgarien	c	Polen	60	Jugoslawien
11	Finnland	34	Äthiopien	61	DDR
12	DDR	35	Belgien	62	UdSSR
13a	DDR	36	Australien	63a, c	DDR
b, d	Marokko	37	DDR	b	Kanada
c	Bulgarien	38	Tanzania	64	USA
14	Frankreich	39	DDR	65a	Australien
15	Äthiopien	40	DDR	b	Frankreich
16	UdSSR	41	DDR	c	Schweden
17	England	42	BRD	d	BRD
18	Ungarn	43	DDR	e	Niederlande
19	UdSSR	44	Niederlande	66a	Dänemark
20	UdSSR	45	Kuba	b	Kroatien
21	Botswana	46	Tanzania	c	Vietnam
22	DDR	47	Äthiopien	d	Australien
23	BRD	48	ČSSR	e	UdSSR

Klasse 10

1	DDR	21a	Rumänien	42	Belgien
2	Botswana	b	UdSSR	43	BRD
3	DDR	c	DDR	44	BRD
4	Schweden	22a, f	England	45	Niederlande
5	Belgien	b, c	DDR	46	BRD
6	Rumänien	d	Kanada	47	Bulgarien
7	Belgien	e	Spanien	48	Ungarn
8	Ungarn	g	UdSSR	49	Botswana
9	DDR	23	DDR	50	USA
10	Belgien	24	Botswana	51	DDR
11	DDR	25	Äthiopien	52	Botswana
12	Belgien	26	DDR	53	UdSSR
13	UdSSR	27	Mozambique	54	BRD
14	DDR	28	USA	55	BRD
15	BRD	29	DDR	56	DDR
16	Bulgarien	30	DDR	57	UdSSR
17	England	31	DDR	58	DDR
18a, b	Niederlande	32	Finnland	59	Ungarn
c	England	33	Vietnam	60	Ungarn
d	Tanzania	34	Australien	61	UdSSR
e	Rumänien	35	DDR	62a	England
f	UdSSR	36	Äthiopien	b	DDR
g, h	DDR	37	BRD	63a	Kuba
19a, b, e	DDR	38	Australien	b	Belgien
c	Rumänien	39	Tanzania	64	Österreich
d	Bulgarien	40	DDR	65	DDR
20	DDR	41	UdSSR	66	DDR